DELIUS KLASING

JOCHEN DONNER
DANIEL SIMON

# E-MTB: WARTUNG PFLEGE REPARATUR

SITZPOSITION | MOTOR | SCHALTUNG | BREMSEN
FEDERUNG | LAUFRÄDER

DELIUS KLASING VERLAG

# Inhalt

1

# Das E-MTB

# Mountainbike mit Rückenwind

**In die Berge, auf die Piste, durch Wald & Wiesen – dank E-Unterstützung geht das heute für viele Biker deutlich leichter und bequemer als bisher. Für andere geht das überhaupt nur deshalb: Das elektrifizierte Bike-Konzept gewinnt immer mehr Freunde.**

Es gibt viele gute Gründe auf's elektrisch unterstützte Mountainbike zu steigen. Genussvolle MTB-Touren können dank E-Unterstützung gern mal länger ausfallen, da der Zeitanteil bergauf auf rund die Hälfte schrumpft. So bleibt mehr Zeit, die man in den oberen Höhenregionen zubringen kann. Man kommt nicht wie früher mit hängender Zunge oben an, sondern ist ausgeruhter und damit auch genußfähiger. Die Kraft aus dem Akku nivelliert die körperliche Belastungen: Biker mit unterschiedlichstem Leistungsvermögen können Touren zusammen fahren, ohne dass einer ständig warten muss. Oder man kann als Familie zusammen in die Berge touren: Die Kids sitzen im geländetauglichen Anhänger.

Das alles geht, weil ein elektrischer Motor mit maximal 250 Watt Dauerleistung und einer Abschaltung bei der Maximalgeschwindigkeit von 25 km/h aus einem klassischen Mountainbike ein Pedelec, ein elektrisch unterstütztes Fahrzeug, macht, das rechtlich ein Fahrrad bleibt. Deshalb dürfen Sie mit einem E-MTB vollkommen uneingeschränkt jede Straße und alle Rad-, aber auch sämtliche anderen Wege befahren, die üblicherweise für Fahrräder freigegeben sind.

Das E-MTB ist ein noch sehr junges Fahrzeug. Erste elektrifizierte MTB-Modelle gibt es zwar schon länger, doch das waren meist nur wenig ausgereifte Ableitungen von Standard-Pedelecs. Vor allem die Motoren hatten lange Zeit noch zu wenig Leistung und Sensibilität für das Anfahren am Berg, oder sie liefen ein, zwei Sekunden nach, wenn der Biker schon längst das Pedalieren gestoppt hatte. Doch inzwischen ist viel passiert: Seit etwa 2016 explodiert das Angebot der E-MTB-Hersteller. Es gibt mittlerweile eine nennenswerte Anzahl speziell entwickelter, zuverlässiger und drehmomentstarker Motoren, leistungsfähige Akkus mit 500 Wattstunden und speziell konstruierte, stabile und formschöne MTB-Rahmen. Teilweise konnten die E-MTB-Modelle schon ein Jahr nach Markteintritt die regulären Bestseller-Modelle derselben Hersteller zahlenmäßig überrunden. Rahmen, Fahrwerke und

Komponenten sind inzwischen auf höhere Fahrgeschwindigkeiten und stärkere Belastungen durch die weit intensivere Nutzung angepasst. Breite Reifen verleihen den deutlich schwereren E-MTBs souveränen Grip bei hoher Durchschlagssicherheit, bergauf selbst auf losem oder grobem Untergrund, bergab mit unglaublich sattem, sicheren Lauf. Kraftvolle, standfeste Scheibenbremsen sorgen für zuverlässige und effiziente Verzögerung bei geringer Handkraft. Auch Rahmen, Lenker, Vorbau und Sattelstütze fallen deutlich stabiler aus als am Normal-MTB. Die Bike-Gewichte haben sich bei etwa 19 bis 23 Kilo eingependelt.

Mit dem Mittelmotor hat sich das zur Zeit brauchbarste Konzept durchgesetzt: Der Motor wirkt direkt auf die Kurbel, am Hinterbau lässt sich eine Kettenschaltung mit breiter Abstufung und knackig-exakten Gangwechseln realisieren. Die Kettenschaltung ist einerseits preisgünstig, andererseits vielfältig abgestuft und leicht zu warten. Nachteilig sind die hohen Zugkräfte des Motors, der in der Spitze mit über 800 Watt an der Kette zerren kann: Kette, Ritzel und Kettenblätter verschleißen am E-MTB im Vergleich zum klassischen MTB deutlich schneller. Auch an Komponenten wie Lenker, Vorbau, Sattelstütze oder Felgen und Reifen nagt der Verschleiß stärker. Behalten Sie diese Teile immer im Blick.

Gut, wenn man sich da selber zu helfen weiß! Deshalb gibt es dieses Buch: Wir möchten Sie in die Lage versetzen, die notwendigen Einstell-, Wartungs- und Pflegearbeiten, aber auch einfachere Reparaturen am Bike selbst erledigen zu können. Das erhält Funktion und Wert Ihres Bikes und spart Geld für teure Werkstatt-Besuche. Dazu kommt: Wer sein Bike bis zur letzen Schraube kennt und weiß, wie die Technik funktioniert, entwickelt ein tieferes und damit besseres Verständnis dafür, was sein Bike und er selbst zu leisten imstande sind. Meist sind das dann auch die besseren Fahrer.

Eine weitere deutliche Verschiebung zum normalen MTB gibt es bei den Reifen: Da am E-MTB das Gewicht keine so große Rolle spielt, greifen die Hersteller dort bevorzugt zu wesentlich breiteren Reifen. Dank größerer Aufstandsfläche am Boden werden die Fahreigenschaften deutlich sicherer. E-MTBs fahren sich erheblich souveräner, was kritische Bodenbeschaffenheit betrifft. Einfach, weil die Reifen mehr verzeihen. Bei Breitreifen ab 2,5 Zoll und insbesondere bei den „Plus"-Reifen zwischen 2,8 oder 3,2 Zoll haben sich die Reifengrößen auf 27,5 Zoll eingependelt. Die wuchtigen Pneus rollen extrem satt und fehlerverzeihend. In Grip und Haftung setzen sie ebenfalls neue Bestmarken. Große und laufwilligere 29-Zöller überrollen Hindernisse noch etwas besser. Zudem steigen Bikes mit großen Laufrädern bei heftigen Steigungen am Vorderrad noch später hoch. 29er sind meist in Hardtails, in Strecken-orientierten Fullies oder bei Bikes mit großen Rahmengrößen anzutreffen. Einzelne Bike-Konzepte mit breiter gebauter Gabel und Hinterbau, verstellbaren Hinterbau- oder Achsaufnahmen lassen dem Biker sogar die Wahl, welche Laufrad- oder Reifengröße und -breite er bevorzugt. Denn ein schmalerer 29er Pneu hat nahezu denselben Umfang und Höhe wie ein dicker 27,5er-Reifen, die Geometrie des Bikes verändert sich dadurch kaum.

Man sieht: Viele clevere Features übernimmt das E-MTB direkt aus den Schatzkästlein ambitionierter Bike-Entwickler. Doch es gibt auch eine Menge spezifische Merkmale, die das E-MTB immer mehr zu einem eigenständigen Fahrzeug machen. Da ist gerade für die kommenden Jahre noch vieles zu erwarten!
Eins gilt jedoch für alle Biker, ob mit oder ohne E: Man bewegt sich in der Natur. Da gilt die Regel gegenseitiger Akzeptanz und Rücksichtnahme auf Pflanze, Tier und Mensch, ohne jede Ausnahme!
Der Verein Deutsche Initiative Mountain Bike e.V. hat das in seinen Trail-Regeln klar und unmissverständlich formuliert. In diesem Sinne: Happy trails!

## Die Trail-Regeln der Deutsche Initiative Mountain Bike e.V. (DIMB)

**1. Fahre nur auf Wegen.**
Fahre nie querfeldein, du schädigst sonst die Natur! Respektiere lokale Wegesperrungen. Forstwirtschaft, Viehtrieb und Belange des Naturschutzes rechtfertigen dies. Auch in Naherholungsgebieten können lokale Sperrungen berechtigt sein. Die Art und Weise, in der du fährst, bestimmt das Handeln der Behörden und Verwaltungen. Auf Privatgrund bist du oft nur geduldet.

**2. Hinterlasse keine Spuren.**
Bremse nicht mit blockierenden Rädern (Ausnahme: in Notsituationen). Blockierbremsungen begünstigen die Bodenerosion und verursachen Wegeschäden. Stimme deine Fahrweise immer auf den Untergrund und die Wegebeschaffenheit ab. Nicht jeder Weg verträgt jedes Bremsmanöver und jede Fahrweise.

**3. Halte dein MTB unter Kontrolle.**
Unachtsamkeit, auch nur für wenige Sekunden, kann einen Unfall verursachen. Passe deine Geschwindigkeit der jeweiligen Situation an. In nicht einsehbaren Passagen können jederzeit Fußgänger, Hindernisse oder andere Biker auftauchen. Du musst jederzeit in Sichtweite anhalten können. Zu deiner eigenen Sicherheit und derer anderer Menschen.

**4. Respektiere andere Naturnutzer.**
Kündige deine Vorbeifahrt frühzeitig an. Erschrecke keine anderen Wegenutzer. Vermindere deine Geschwindigkeit beim Passieren auf Schrittgeschwindigkeit oder halte an. Bedenke, dass andere Wegenutzer dich zu spät wahrnehmen können. Fahre, wenn möglich, nur in kleinen Gruppen!

**5. Nimm Rücksicht auf Tiere.**
Weidetiere und alle anderen Tiere in Wald und Flur bedürfen besonderer Rücksichtnahme. Schließe Weidezäune, nachdem du sie passiert hast. Verlasse rechtzeitig zur Dämmerung den Wald, um die Tiere bei ihrer Nahrungsaufnahme nicht zu stören.

**6. Plane deine Tour im Voraus.**
Beginne deine Tour möglichst direkt vor deiner Haustüre. Prüfe deine Ausrüstung, schätze deine Fähigkeiten richtig ein und wähle die Gegend, in der du fahren willst, entsprechend aus. Schlechtes Wetter oder eine Panne kann deine Tour deutlich verlängern. Sei auch für unvorhersehbare Situationen gerüstet: Denke an Handy, Werkzeug, Proviant und Erste-Hilfe-Set. Trage eine Sicherheitsausrüstung. Ein Helm kann schützen, ist aber keine Lebensversicherung.

# 12-Punkte-Check

Diese Stellen an Ihrem E-MTB sollten Sie immer im Auge behalten. An den 12 Punkten kommt vieles zusammen: Verschleiß, Abnutzung und Schmutz greifen hier dauerhaft und direkt an. In kürzester Zeit wird die Funktion beeinträchtigt. Dagegen hilft nur: Sorgfältig nachjustieren, reinigen und schmieren.

**1 Ritzelpaket**
Regelmäßig inspizieren; reinigen, wachsen.

**2 Kette**
Putzen, ölen, wachsen; Verschleiß beobachten, Längung überwachen.

**3 Kettenblatt**
Sauber halten, Verschleiß/Schäden überwachen.

**4 Schaltzug**
Längung kompensieren, Verschleiß im Auge behalten.

**5 Bremsen**
Beläge checken, Discs entfetten, auf Schäden prüfen, ausrichten.

**6 Federung**
Gleitflächen ölen, Standrohre und Dichtungen reinigen; Druck prüfen, Einstellungen checken.

**7 Steuersatz**
Lagerspiel prüfen; reinigen, fetten.

**8 Reifen**
Luftdruck prüfen, Verschleiß überwachen, Schadenskontrolle.

**9 Laufräder**
Speichenspannung checken, zentrieren; Felgen auf Beulen untersuchen.

**10 Kabel**
Lose Stellen fixieren, auf Brüche kontrollieren; Steckverbindungen prüfen.

**11 Akku**
Richtig laden, pflegen, Halterung prüfen.

**12 Bewegungssensor**
Ausrichtung prüfen, Klemmschraube nachziehen.

# Bike-Kategorien

Bei E-MTBs haben sich, wie beim regulären Mountainbike, zahlreiche Kategorien herausgebildet: Unterschiede in der Geometrie und Sitzposition, vor allem aber in den Federwegen, Reifendimensionen und natürlich im Preis definieren die Einsatzbereiche teils höchst unterschiedlich.
Allen gemeinsam bleibt das gesetzliche Limit auf 250 Watt Leistung und Unterstützung bis 25 km/h. Deshalb gelten auch diese teils extrem ausgelegten E-MTBs als Fahrräder und dürfen deshalb uneingeschränkt auf allen Wald-, Feld- und Bergwegen unterwegs sein.
Exemplarisch stellen wir sieben Bikes des Jahrgangs 2018 vor, die die aktuellen Kategorien abbilden. Allerdings: Die Einsatzbereiche überlappen sich. Also tut das teilweise auch die Biketechnik. Natürlich kann man mit dem Hardtail auch durch den Bikepark cruisen oder mit dem Freerider eine Bergtour fahren. Nur wurden die Bikes nicht dafür gebaut, ein solches Unternehmen wird also den Meisten wenig Spaß bereiten.
Bei den Kategorien All Mountain und Enduro, aber auch zwischen Enduro und Freerider gibt es ebenfalls starke Überschneidungen: Oft macht ein Zentimeter Federweg mehr oder weniger den Unterschied, wie ein Hersteller sein Bike definiert. Grundsätzliche Erkenntnis: Die E-Varianten der Bike-Kategorien fallen durchweg schwerer aus und sind stabiler gebaut als die klassischen Vertreter, um die höheren Belastungen durch das Gewicht und die Energie des Antriebs zu kompensieren.

# Hardtail

**Conway eMR 427**

**Motor**
Bosch CX, 250 W/75 Nm
**Akku**
Bosch Powerpack 500 Wh
**Rahmen**
Alu, Hardtail
**Gabel**
RockShox Recon, 100 mm
**Schaltung**
Shimano XT, Deore, 1 x 11
**Reifen**
Schwalbe Nobby Nic 27,5 x 2,35 Zoll
**Gewicht**
21,40 kg
**Preis**
2700 Euro

Auf einem Hardtail ist man gut und günstig unterwegs in Mittelgebirgen, primär auf Wald- und Feldwegen und bei gelegentlichen Ausflügen auf Singletrails. Das vielseitige, robuste Bike kann ein bisschen von allem, bleibt ohne Heckfederung jedoch eingeschränkt.

# Race-Hardtail

### Focus Raven 2 Pro

**Motor**
Fazua Evation, 250 W/60 Nm
**Akku**
Fazua 250 Wh
**Rahmen**
Carbon, Hardtail
**Gabel**
Fox 32 Float SC, 100 mm
**Schaltung**
Shimano XT, 1 x 11
**Reifen**
Conti Race King 29 x 2,2 Zoll
**Gewicht**
15,30 kg
**Preis**
6000 Euro

Bei hoher Geschwindigkeit fühlt sich das race-orientierte Hardtail am wohlsten. An Steigungen hilft der modulare Motor nach, die allermeiste Zeit ist das Bike jedoch schneller als 25 km/h unterwegs. Leichte Laufräder und Reifen machen es agil und wendig.

# Fatbike

### KTM Macina Freeze

**Motor**
Bosch CX, 250W/75 Nm
**Akku**
Bosch Powerpack 500 Wh
**Rahmen**
Alu, Hardtail
**Gabel**
RockShox Bluto, 80 mm
**Schaltung**
Shimano XT, 1 x 11
**Reifen**
Schwalbe Jumbo Jim 26 x 4,0 Zoll
**Gewicht**
22,50 kg
**Preis**
3700 Euro

Ein Fatbike kommt überall durch. Für Sand, Kies, Schnee und Schlamm entwickelt, bringen Fatbikes extremen Vortrieb auf jedem Untergrund. Auf Offroad-Trails rollen sie nur unwesentlich schwergängiger. Straßen und Wege spielen hier nicht die Hauptrolle.

# Tourenfully

**Haibike Sduro Full Nine RC**

**Motor**
Yamaha PW, 250 W/70 Nm

**Akku**
Yamaha 400 Wh

**Rahmen**
Alu, Fully, 100 mm

**Gabel**
RockShox Reba, 100 mm

**Schaltung**
Shimano SLX, 2 x 10

**Reifen**
Schwalbe Racing Ralph
29 x 2,35 Zoll

**Gewicht**
22,30 Kg

**Preis**
3000 Euro

Mit großen 29er-Laufrädern ist das Touren-Fully mehr auf schnelle, weite Strecken als auf enge Trails ausgelegt. Die entspannte Sitzposition und solide Ausstattung machen es zum vielseitigen Offroad-Tourer in nicht zu schwierigem Gelände.

# All Mountain

**Stevens E-Whaka +ES**

**Motor**
Shimano Steps, 250 W/75 Nm

**Akku**
Shimano 504 Wh

**Rahmen**
Alu, Fully, 140/130 mm

**Gabel**
Fox Float 34, 140 mm

**Schaltung**
Shimano XT Di2 1 x 11

**Reifen**
Schwalbe Magic Mary,
Nobby Nic 27,5 x 2,8 Zoll

**Gewicht**
21,20 kg

**Preis**
5600 Euro

Mit sportlicher Geometrie, etwas längerem Radstand, anspruchsvollen Federwegen und traktionsstarken Reifen steht das All Mountain für eine breit ausgelegte Touren-Eignung. Es scheut auch vor langen, fordernden Up- und heftigen Downhills nicht zurück.

# Enduro

**Cube Stereo Hybrid 160**

**Motor**
Bosch CX 250 W/75 Nm
**Akku**
Bosch Powertube 500 Wh
**Rahmen**
Alu, Fully, Federweg 160 mm
Geometrie verstellbar
**Gabel**
Fox 36 Float Factory, 170 mm
**Schaltung**
SRAM EX1, 1 x 8
**Reifen**
Schwalbe Magic Mary, Nobby Nic
27,5 x 2,6 Zoll
**Gewicht**
23,20 kg
**Preis**
5600 Euro

Enduros sind robuste Bikes mit Maximal-Spaß-Faktor. Lange Federwege und robuste Reifen fördern den Spieltrieb in grobem Gelände. Geometrie und Sitzposition sind mehr down- als uphill ausgelegt. Der Motor ermöglicht hier auch längere Bergauf-Fahrten.

# Freerider

**Rotwild R.G+ FS Evo**

**Motor**
Brose 250 W/90 Nm
**Akku**
Rotwild IPU 500 Wh
**Rahmen**
Alu, Fully, Federweg 200 mm
Geometrie verstellbar
**Gabel**
Fox 40 Float Factory, 200 mm
**Schaltung**
Shimano Saint, 1 x 10
**Reifen**
Conti Kaiser Projekt
27,5 x 2,4 Zoll
**Gewicht**
23,40 kg
**Preis**
9000 Euro

Der Motor shuttelt im Bikepark und Extrem-Gelände: Der Freerider ist klar abfahrtsorientiert mit flachem Lenkwinkel und langem Radstand. Maximale Federwege schlucken gröbste Brocken auf dem Weg zu Tal. Sprünge und Tricks gehören dabei zum guten Ton.

# Über Motoren

**Das gesetzliche Limit für Pedelec-Motoren liegt bei 250 Watt maximaler Dauerleistung und einer Unterstützung bis maximal 25 km/h. Das heißt aber noch nicht, dass es bei den Antriebskonzepten der Hersteller keine Unterschiede mehr gäbe.**

Der Motor im E-Bike arbeitet ausschließlich als Unterstützung für den Fahrer: Sensoren messen die Kraft, die der Biker selbst in die Pedale tritt. Der Motor legt dann eine Schippe obendrauf. Wieviel Schub ein E-Antrieb beisteuert, hängt von der Grundabstimmung des Systems und der aktuell gewählten Unterstützungsstufe ab: Beim häufig verbauten Bosch Performance Line CX-System zum Beispiel leitet die eingebaute Mess- und Regelelektronik in der niedrigsten Unterstützungsstufe „Eco“ zusätzliche 50 % zur gemessenen Fahrerleistung ein. In Stufe „Tour“ sind es 120 %, und in „Turbo“ schließlich 300 %. Der dynamisch abgestimmte Modus „eMTB“ liegt dazwischen und liefert je nach Pedaldruck zwischen 120 und 300 %. Die Leistungsabgabe von 250 Watt ist dabei nur der Nennwert. In Spitzen kann sie kurzfristig auf über 600 Watt steigen.

Als Standard hat sich bei E-MTBs das Konstruktionsprinzip Mittelmotor durchgesetzt. Über ein Getriebe wirkt der hochtourige und damit effizient arbeitende Antrieb direkt auf Kurbel und Kettenblatt. Die Kette überträgt die Kraft auf eine breitbandige Kettenschaltung am Hinterrad. Der Mittelmotor macht erst die fahrdynamisch günstige Schwerpunktlage möglich: Motor und Akku am tiefstmöglichen Punkt lassen sich im Rahmendreieck am stabilsten unterbringen. Das Gewicht ist optimal zwischen den Achsen verteilt, die Laufräder als ungefederte Massen bleiben relativ leicht. Alles zusammen wirkt sich positiv auf das Fahrverhalten aus. Die satte Straßenlage eines E-MTB lernt man vor allem beim Downhill schätzen und lieben.

Wie ein Chamäleon wechselt das Shimano Steps-Display seine Farbe, sobald man in einen anderen Antriebsmodus schaltet.

Die Kurbel sollte sich, trotz des internen Getriebes, bei Geschwindigkeiten über 25 km/h und bei abgeschaltetem Motor so leise und widerstandslos wie möglich treten lassen. Das ist nicht bei allen Systemen selbstverständlich. Derzeit (2018) sind Akkus mit 500 Wh Kapazität Standard. Damit lassen sich Touren von etwa 1500 Höhenmetern gut mit einer Akkufüllung bewältigen. Doch ist der Akku einmal leer, lässt sich das E-MTB nur noch eingeschränkt mit reiner Muskelkraft bewegen. Das hohe Gewicht ist nur ein Faktor. Limits setzt auch die Schaltung: Mit 2-fach Kettenblatt kommt man selbst ohne Strom weiter als mit den gängigen Einfach-Kettenblättern. Doch ein „Motor aus" unterwegs bedeutet meist dennoch das vorzeitige Ende einer Tour. Der Antrieb ist eine Black Box, es gibt nur wenig, was ein Biker bei einem Ausfall tun kann.
Sicherer ist jedoch, es gar nicht darauf ankommen zu lassen. Im Gebirge sollte man immer auch mit unvorhergesehenen Umwegen rechnen, etwa durch gesperrte Wege oder falsches Abbiegen. Deshalb ist es empfehlenswert, auf Strecken ohne Lademöglichkeit einen geladenen Zweitakku im Rucksack zu haben. Das Gewicht von etwa 2,6 Kilo ist noch zu verschmerzen. Auf Strecken mit Einkehrmöglichkeit gehört jedoch das Ladegerät ins Tourengepäck. Laden Sie den Akku am besten nach, wann immer sich die Gelegenheit dazu ergibt. Die Stromaufnahme verläuft asymmetrisch: In den ersten zwei Stunden lädt ein Li-Ion-Akku etwa 80 % seiner Kapazität. Damit kommt man schon ein gutes Stück weiter. Ladegeräte wiegen nur wenige hundert Gramm. Gaststätten und Berghütten sind darauf eingestellt, einkehrende E-Biker an die Steckdosen zu lassen. Es versteht sich von selbst, dass man dennoch vorher um Erlaubnis bittet und sich im Idealfall sogar mit einem Trinkgeld dafür bedankt!

Mit einem Riemen überträgt der Brose-Motor die Kraft der Motorspindel auf die Kurbelwelle. Das hilft, Geräuschentwicklung und Vibrationen auf ein Minimum zu reduzieren.

# Motortypen

Im jungen Marktsegment E-MTB ist vieles noch im Entstehen. Fast monatlich präsentieren völlig neue Firmen völlig neue Produkte, seien es spezielle Reifen, Kurbeln, Sättel oder gleich komplette E-Bikes. Auch bei Motoren und Antrieben gibt es eine Menge Hersteller mit ganz unterschiedlicher Herangehensweise. Wir haben fünf Anbieter und ihre Motoren kurz porträtiert, deren Antriebe sich in den vergangenen Jahren bereits bewährt haben. Der Innovationsdruck im boomenden Markt der E-MTBs ist derzeit noch hoch: Jenseits der Grundkriterien 250 Watt und 25 km/h verändern die Anbieter vor allem den Charakter von Motor- und Lademanagement: Fein-Tuning der Drehmomentkurve beispielsweise oder beim Ein- und Ausfaden an der Grenzgeschwindigkeit macht die Motoren immer vielseitiger, praxistauglicher und attraktiver.

## Bosch

Mit der CX-Version, der MTB-spezifischen Variante des bewährten Antriebssystems, ist Bosch momentan unangefochtener Platzhirsch. Mit viel Kraft bringt der Bosch bis zu 75 Nm Drehmoment an die Kette. Ein relativ leise laufendes, internes Getriebe macht ein sehr kleines Antriebsritzel nötig, was die Kette stärker stresst. Die aktuellsten Getriebe laufen oberhalb 25 km/h ohne Reibung. Der Motor reagiert beim Antreten und Abregeln etwas ruckelig. Oberhalb von 70 U/min nimmt seine Durchzugskraft deutlich ab. Mit drei Unterstützungsstufen ist der Bosch sinnvoll abgestimmt. Alle Akkus sind miteinander kompatibel. 250 W, 75 Nm, Akku 500 Wh.

## Shimano

Komponenten-Riese Shimano hat aus dem Stand eine ernsthafte Alternative zu Marktführer Bosch entwickelt: Das Steps E8000-System ist speziell fürs E-MTB entwickelt. Es überzeugt durch einen kräftigen, aber kompakter gebauten Motor mit schmalem Pedalabstand (Q-Faktor) wie ein reguläres MTB, und den relativ leichten Akku (ca. 2,6 kg). Seine sensible Abstimmung mit drei Stufen macht den Antrieb sehr fahradähnlich fahrbar. Clou: Steps harmoniert perfekt mit Shimanos elektronischer Di2-Schaltung, die sogar drehzahlabhängig automatisch schalten kann. Das System ist per E-Tube-App individuell konfigurierbar. 250 W, 70 Nm, Akku 504 Wh.

# Yamaha

Seit 1993 baut Pedelec-Pionier Yamaha schon Bike-Motoren. Giant oder Haibike zählen zu den großen Abnehmern. Die MTB-Motoren der PW-Serie laufen leise, kraftvoll und durchzugsstark bei niedrigen Drehzahlen. Bei hoher Kadenz geht die Durchzugsstärke zunehmend zurück. Besonders weich und kultiviert schaltet der sensible Motor bei Pedalier-Stopps und oberhalb der Grenzgeschwindigkeit ab. Auch beim Antritt liefert der PW sofort die nötige Kraft. Yamaha erlaubt die Verwendung von bis zu 3 Kettenblättern. Die neuere PW-X-Serie arbeitet mit stärkerem Drehmoment von 80 Nm. Die Daten: 250 W, 70 oder 80 Nm, Akku 400 oder 500 Wh.

# Brose

Brose kooperiert als Systempartner mit Continental, die Elektronik und Systemabstimmung beisteuern. Der kompakte Motor baut etwas schmaler und kürzer als der Bosch. Das ermöglicht kompaktere Bike-Geometrien. Der Brose gefällt durch harmonische, geschmeidige Kraftentfaltung. Er läuft sehr leise, vibrationsarm und widerstandslos über 25 km/h. Das Spitzendrehmoment liegt bei 90 Nm. In der höchsten Stufe unterstützt er mit 320 Prozent, in der Dauerleistung liegt er jedoch etwas unter seinen Mitbewerbern. Der Brose lässt sich mit bis zu 3 Kettenblättern, verschiedenen Displays und Akkus kombinieren. 250 W, 90 Nm, Akku 400–680 Wh.

# Fazua

Der Fazua Evation ist eine modulare Einheit, die Motor, Steuerung und Akku in einem einzigen Gehäuse unterbringt. Die steckt im Unterrohr des Bikes und dockt dort an ein fest verbautes Tretlagergetriebe an. Vorteile: Niedriges Gewicht (inkl. Tretlager ca. 4,6 Kilo), kompakte Maße, unauffällig integriert. Das Getriebe bietet keinerlei Widerstand, wenn man über 25 km/h oder gar ganz ohne Motor-Modul fährt – eine Alternative für Sportliche, die nur punktuell elektrisch unterstützt fahren wollen. Ohne Antriebsmodul verschließt ein Deckel das Unterrohr und man hat, außer dem fest montierten Getriebe, ein völlig normales Bike. 250 W, 60 Nm, Akku 400 Wh.

2

# Werkstatt & Werkzeug

Das Bike mal über einen reißenden Gebirgsbach zu tragen, ist ein reizvolles Abenteuer. Damit das Bike aber auf trockenem Boden jederzeit fahrbereit ist, braucht es Know-how bei Wartung, Pflege, Reparaturen – und das passende Werkzeug.

# Perfekte Helferlein

**Wer selbst an seinem Bike schraubt, tut gut daran, sich Qualitätswerkzeug zuzulegen – von Anfang an. Billig-Werkzeug macht exaktes Arbeiten unmöglich und gefühlvolles Schrauben zur Qual. Ganz zu schweigen von der Gefahr, teure Technik zu zerstören.**

Zu schnell ist man mit einem zu großen Schraubendreher aus der Kreuzschlitzschraube gerutscht, hat mit einem abgenudelten Inbus die Schraube vermurkst oder mit dem unpassenden Schlüssel zu stark angezogen. Und schon macht ein teures Bauteil „knack". Oder die Fingerknöchel bluten.

Gute Grundlage für den Aufbau einer eigenen Bike-Werkstatt ist ein gut bestückter, ganz normaler Werkzeugkasten, Marke „Haus & Hof": Schraubendreher, Maulschlüssel, Hammer und Zangen braucht man immer, auch am E-MTB. Für Ihr Bike benötigen Sie dann nur noch wenige zusätzliche Tools für die üblichen Routinearbeiten. Trauen Sie sich auch aufwendigere Reparaturen zu, wird allerdings teures Spezialwerkzeug nötig. Die Alternative: Lagern Sie solche Arbeiten, wie zum Beispiel das Entlüften von Scheibenbremsen, an den Bikeshop Ihres Vertrauens aus. Die Zusammenstellung bike-spezifischer Werkzeuge, wie auf den nächsten Seiten gezeigt, ist unsere Empfehlung und fußt auf unserer täglichen Praxis im Umgang damit. Dennoch sollten Sie mit dieser Liste nicht sklavisch umgehen: Wer weniger Geld ausgeben möchte, nur gelegentlich schraubt oder bestimmte Arbeiten gar nicht selbst erledigen will, kann natürlich auch auf die Werkzeuge dafür verzichten. Oder man weicht auf preisgünstigere Alternativen aus. Das Angebot ist riesig: Fachhandel und erst recht das Internet halten eine unüberschaubare Anzahl an spezifischen Tools aller Preisklassen bereit.

Worauf Sie jedoch nicht verzichten sollten: Genügend Platz und Zeit zum Arbeiten. Optimal ist es, wenn Sie das Schrauben auch einmal unterbrechen und dabei Werkzeug und Teile an Ort und Stelle liegen lassen können. Sorgen Sie für gutes Licht am Arbeitsplatz und einen Fußboden ohne Ritzen, in denen Kleinteile auf Nimmerwiedersehen abtauchen könnten.

Eine Halteklaue am Montageständer greift sich auch Elektro-Bikes. Variostützen klemmt man am stabileren Schaftrohr. Oft muss man sie vorher verdrehen, um die Zugansteuerung im Klemmenschlitz zu positionieren.

Konfektionierte Werkzeug-Koffer gibt es in den verschiedensten Ausführungen, oft preisgünstiger als beim Einzelkauf. Gute Werkzeugqualität vorausgesetzt, bleibt meist der Nachteil, dass man nicht alle Tools wirklich braucht.

Absolut unverzichtbar für jede gute Bike-Werkstatt ist ein solider Montageständer:
Der hält das schwere Bike kippsicher, drehbar und in geeigneter Höhe, während Sie Hand anlegen. Am besten funktioniert dafür ein Modell mit verstellbarer Halteklaue, die die Sattelstütze klemmt.
Nicht fehlen darf auch eine solide Standpumpe mit möglichst detailliertem Manometer: MTB-Reifen haben viel Volumen, und sie reagieren sensibel auf geringste Druckunterschiede. Wählen Sie eine Pumpe, die ein Anschlussstück mit je einer Öffnung für Auto- und Sclaverand-Ventile hat. Solche Adapter halten meist länger dicht als All-in-One-Varianten. Für die Tubeless-Reifenmontage benötigt man eine Spezial-Pumpe mit Reservoir, das sein großes Luftvolumen schnell in den Reifen abgeben kann. Nur so ploppt ein Tubeless-Reifen sauber auf die Felgenschulter und hält dann zuverlässig dicht.
Wer Laufräder selbst zentrieren oder bauen will, braucht einen zuverlässigen Zentrierständer. Ab etwa 70 Euro gibt es passable Modelle für Gelegenheits-Zentrierer. Profigeräte in Werkstatt-Qualität kosten jedoch schnell mehrere hundert Euro.

Eine detaillierte Anzeige an der Standpumpe ist hilfreich für exakte Druckverhältnisse in voluminösen Bike-Reifen.

# Standardwerkzeug

**1 Seitenschneider**
kürzt Kabelbinder, Speichen oder Bowdenzüge.

**2 L-Inbus**
mit Kugelkopf für präzisen Einsatz an schwer zugänglichen Stellen. Der lange Hebel öffnet auch festsitzende Schrauben.

**3 T-Inbus**
zum schnellen Drehen von Innensechskant-Schrauben.

**4 Maßband**
erleichtert präzise Einstellarbeiten.

**5 Gummihandschuhe**
bei Schmutzarbeiten an Kette, Ritzel und Reifen.

**6 Maulschlüssel-Set**
kommt teilweise an Pedalachsen, Sattelklemmung, Laufradachsen zum Einsatz.

1

2

3

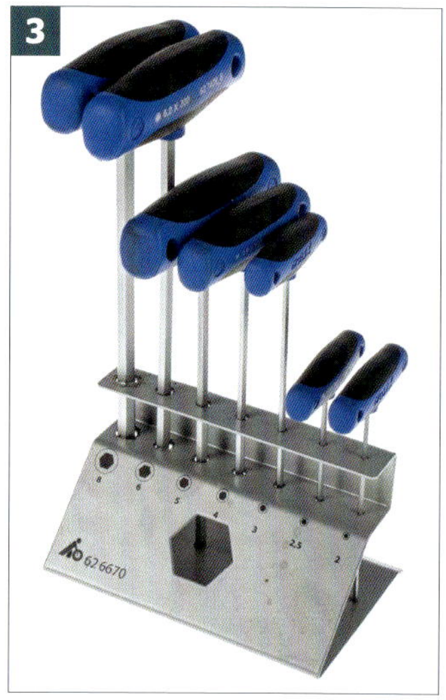

4

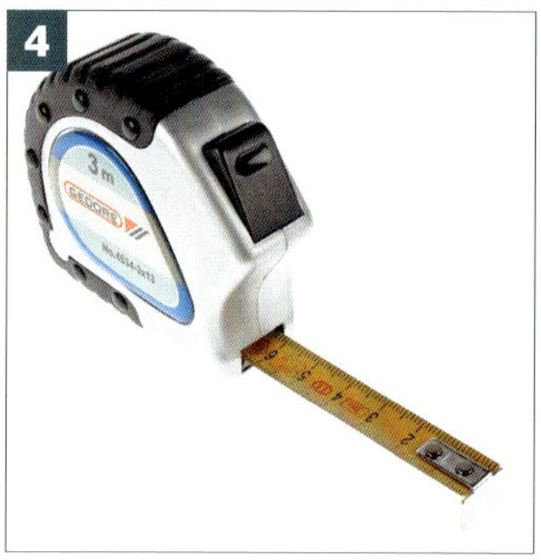


5

6

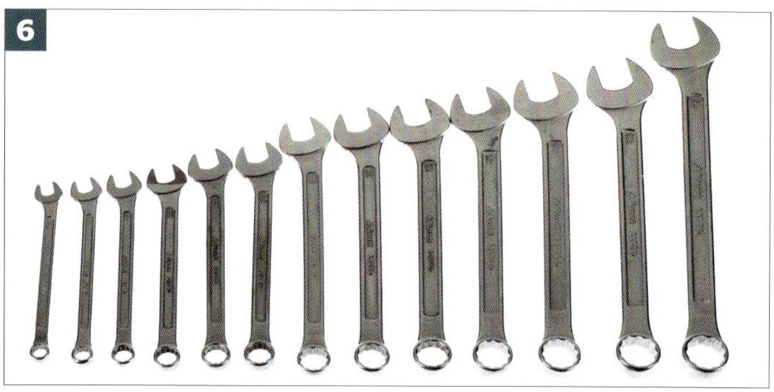

7

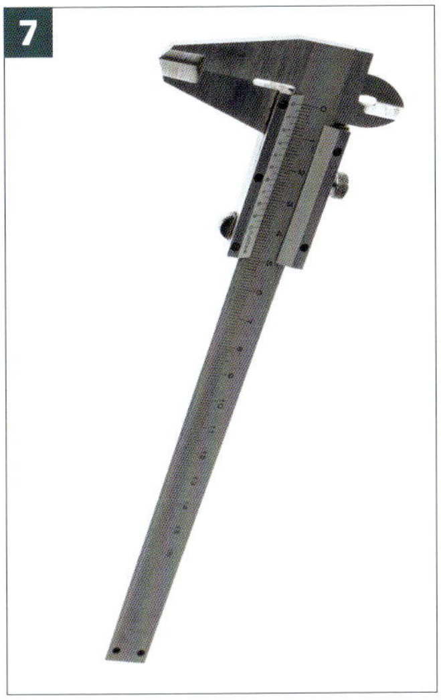

8

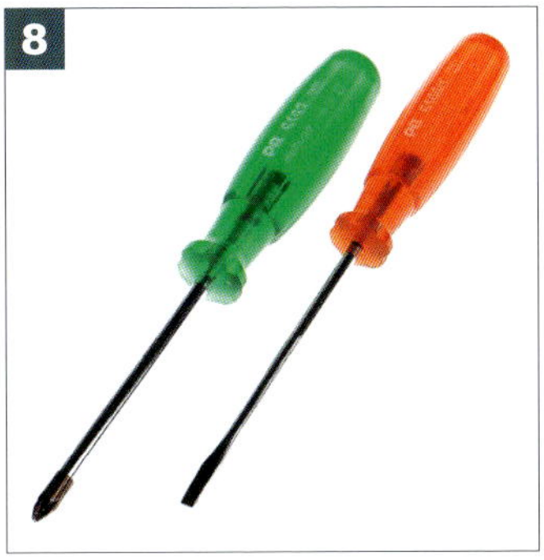

9

10

11

**7 Messschieber**
Oft kommt es auf zehntel Millimeter an.

**8 Schraubendreher**
Schlitz und Kreuzschlitz drehen Schrauben und dienen als Kratz-, Tast- oder Hebelwerkzeuge.

**9 Wasserwaage**
zum präzisen Ausrichten der Sattelklemmung.

**10 Kombizange**
zum Greifen, Halten, Ziehen, Drehen, Biegen, Quetschen.

**11 Schraubenkleber mittelfest**
sichert Schraubengewinde, wenn es auf sicheren Sitz ankommt.

# Spezialwerkzeug

**1 Kettenschloss-Zange**
Sie arbeitet in zwei Richtungen: Zum Öffnen des Kettenschlosses drückt sie Kettenglieder auseinander, zum Schließen zusammen.

**2 Reifenheber mit Speichenhaken**
Reifenheber sollten aus Kunststoff sein, um Schlauch, Reifen und Felge nicht zu beschädigen. Mit der Aussparung unten hängt man den ersten Heber in eine Speiche, um mit dem zweiten Heber weiterzuarbeiten.

**3 Kettennieter**
Er öffnet und schließt jede Fahrradkette ohne Schloss. Ein Dorn an der Schraubspindel drückt klassische Nietstifte aller Kettenbreiten (8-, 9-, 10-, 11-, 12-fach-Ketten) präzise aus und ein, ohne zu verkanten.

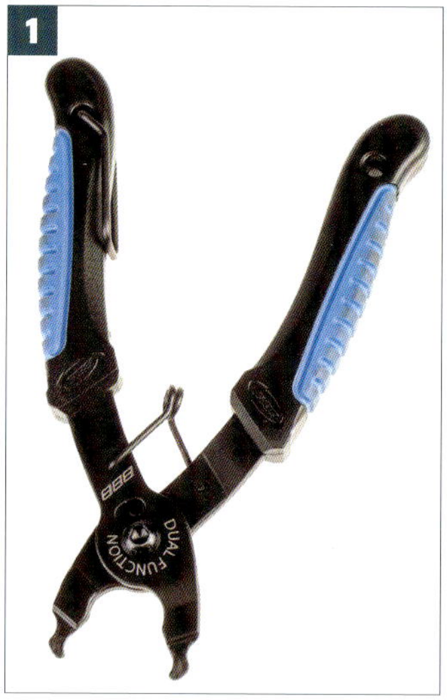

**4 Rohloff HG-IG-Check**
Mit diesem Instrument lässt sich Verschleiß am Ritzelpaket exakt feststellen. Die Messkette zeigt an, ob die Zahnzwischenräume am Hinterrad noch genügend Fleisch haben oder ob man die Kassette bereits tauschen muss.

**5 Kettenmesslehre TL-CN42**
Das Präzisionswerkzeug gibt zuverlässig Auskunft, wie stark die Kette sich gelängt hat. Sitzt der Fühler rechts zwischen zwei Gliedern, ist die Kette durch, sobald auch der linke Fühler vollständig in einen Zwischenraum fällt. Steht er noch auf, kann man die Kette weiterfahren.

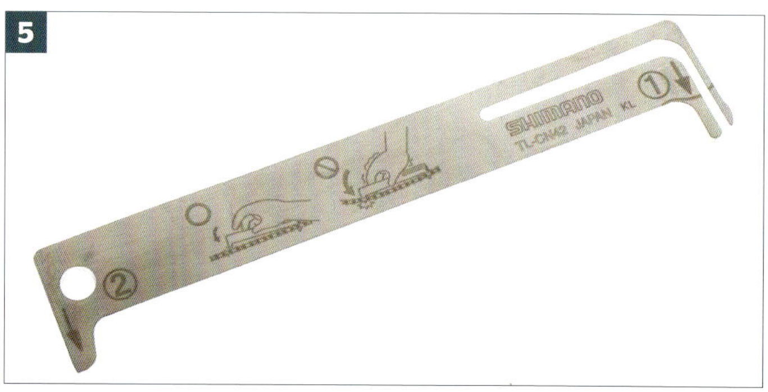

**6 Speichenschlüssel**
Die Passung für den Speichennippel sollte dreiseitig ausgelegt sein. Das senkt die Gefahr abzurutschen deutlich.

**7 Dämpferpumpe**
Federgabel und Dämpfer benötigen hohe Innendrücke. Die erreicht man nur mit einer präzise gefertigten Dämpferpumpe. Das Manometer sollte Bar und PSI anzeigen. Ein Trennventil im Schlauch vermeidet Druckrückschläge, wenn man die Federelemente während des Pumpens zur Probe komprimiert.

6

7

**8 Zughüllen-Cutter TL-CT12**
Die sichelförmige Schneidkante dieser Spezialzange von Shimano verhindert, dass eine Zugülle beim Ablängen gequetscht wird. Mit den Nocken an der Innenseite lassen sich zudem Zugendkappen aufpressen.

**9 Torxschlüssel**
Häufig werden Torx-Schrauben an Vorbau, Lenker- oder Sattelklemmung verwendet. Die sternförmigen Schraubenköpfe vertragen hohe Drehmomente besser und drehen nicht so leicht aus wie Inbus-Schrauben.

**10 Centerlock-Nuss TL-LR15**
Mit dieser Vielzahn-Nuss öffnen und schließen Sie Shimanos spezielle Centerlock-Verschraubung an Bremsscheiben und Ritzelpaket.

8

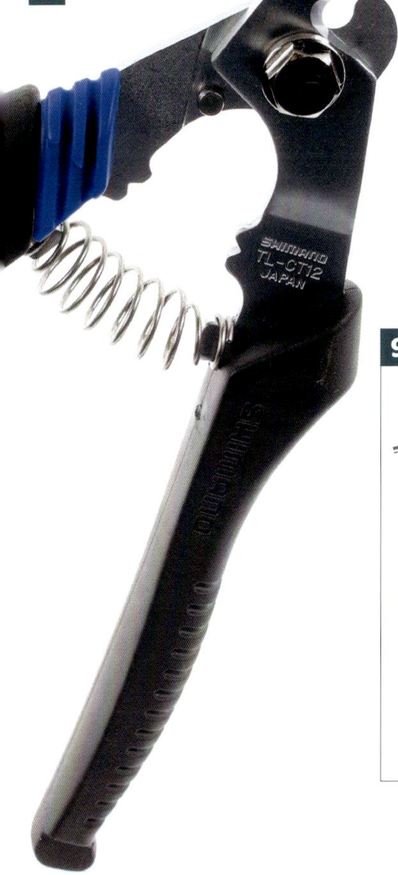


9

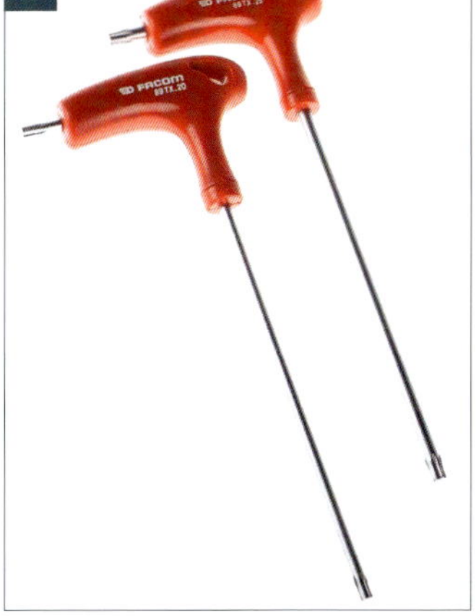


10

**11 T-Inbus 4 & 5 mm, extra lang**
Mit solch langen Inbusschlüsseln lässt sich die Verschraubung von Bremszange und Adapter bequem am Laufrad vorbei bedienen.

**12 Handwaschpaste**
Für unterwegs sogar ohne Wasser: Schmier und Dreck geht damit leicht von der Hand.

**13 Montageständer**
Zum Schrauben unverzichtbar. Am besten funktionieren Modelle, die das Bike per einstellbarer Klaue an der Sattelstütze greifen. So kann man kurbeln, schalten, bremsen, und beide Laufräder bleiben drehbar. Die Ständerbeine sollten klappbar und kippsicher sein. Der Ständer muss auf Gewichte jenseits von 20 Kilo (E-MTB) ausgelegt sein. Leisten Sie sich hier lieber ein besseres und teureres Modell – das Geld ist gut investiert.

11

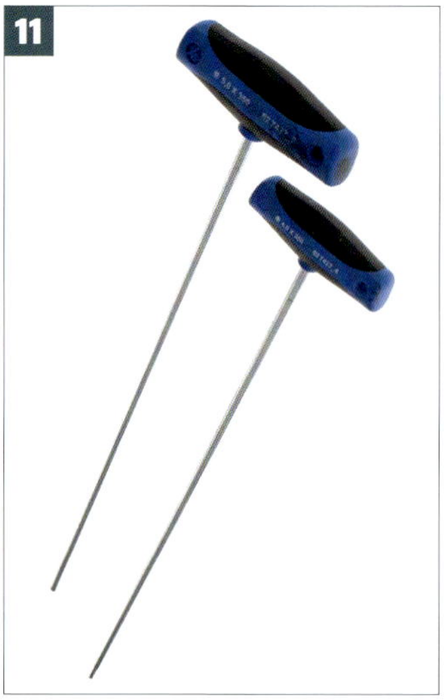

12

**14 Drehmomentschlüssel & Bits**
Viele sicherheitsrelevante Bauteile wie Lenker, Sattelstütze, Bremsen usw. werden mit definiertem Drehmoment verschraubt. Nur so kann der Spagat zwischen Leichtbau und Stabilität seriös gelingen. Halten Sie solche Vorgaben immer exakt ein. Schrauben Sie zuerst von Hand bis kurz vor Schluss. Setzen Sie den Drehmomentschlüssel nur für die letzten Umdrehungen ein. Entspannen Sie den Schlüssel nach der Arbeit wieder.

**15 Disc-Richtwerkzeug**
Der geschlitzte Kopf kann eine wellige Disc aus mehreren Winkeln sicher greifen. Dank guter Handhabung lassen sich auch geringfügige Unregelmäßigkeiten punktgenau ausrichten.

13

14

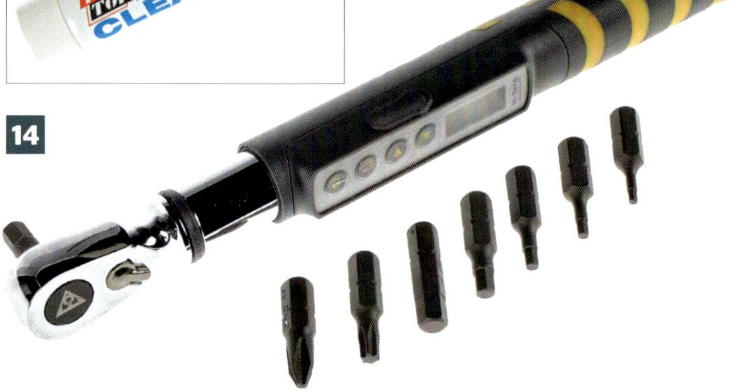

15

16

17

18

19

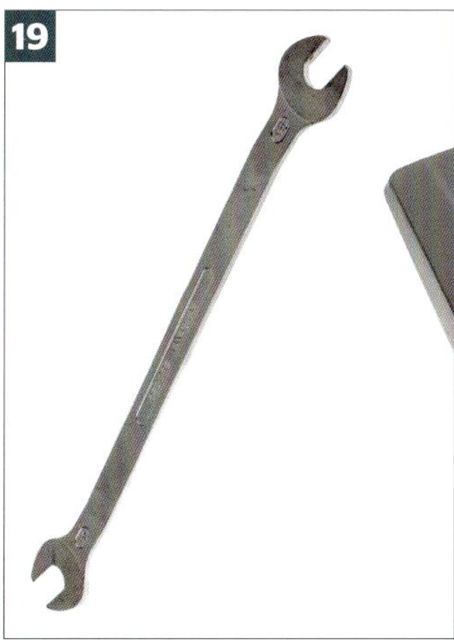

**16 Zentrierständer**
Ein preiswertes Modell wie der Minoura FT-1 (ca. 70 Euro) eignet sich gut für die Hobby-Werkstatt. Der FT-1 besitzt präzise einstellbare Fühler für Höhen- und Seitenschläge und ist stabil genug für präzises Arbeiten. Zusammengeklappt nimmt er nur wenig Platz weg.

**17 Standpumpe**
Eine gute Standpumpe sollte jeder Radler besitzen. Achten Sie auf präzise Bauart (besser Alu als Plastik), denn sonst leidet die Effizienz. Wichtig sind auch ein detailliertes Manometer mit kleinteiliger Markierung und gut bedienbare Ventilanschlüsse für Auto- und Sclaverand-Ventile.

**18 Kettenpeitsche**
Sie hält das Ritzelpaket zur Demontage gegen den Freilauf fest.

**19 Pedalschlüssel**
Pedale sitzen meist sehr fest, die Verletzungsgefahr bei der Demontage ist groß. Ein langer Hebel bringt Kraft und schützt die Finger.

# Pflegen

1

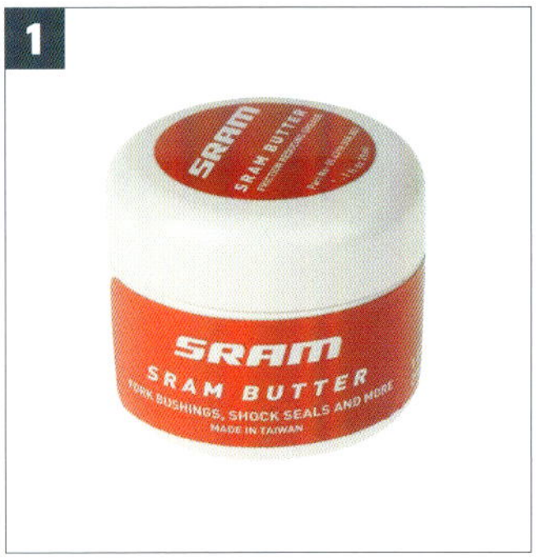


2

3

4

5

6

7

8

**1 SRAM Gabel-Butter**
Das Spezial-Fett schmiert und pflegt die Staubabweiser der Federgabel.

**2 Montage-Fett**
schmiert, vedrängt Feuchtigkeit, reduziert Reibung, verhindert Korrosion und verharzt auch nach längerer Zeit nicht.

**3 Kettenwachs**
hinterlässt trockene Oberflächen, hält innere Schmierung am Platz und dichtet gegen Nässe und Schmutz von außen.

**4 Montagepaste**
verhindert Festkorrodieren, wirkt aber auch gegen Knackgeräusche an verschraubten Komponenten.

**5 Politur-Spray**
pflegt und versiegelt blanke oder lackierte Oberflächen. Erschwert erneute Schmutzanhaftung.

**6 Tropföl**
lässt sich punktgenau und sparsam auftragen.

**7 Kettenöl-Spray**
zur Schmierung der Kette und allerlei anderen Stellen am Bike. Der Sprührüssel verhindert Öl-Nebel.

**8 Wachs-Spray**
Eine oberflächliche Wachsschicht hält das Öl an frisch geschmierten Stellen und schützt empfindliche Oberflächen gegen Rost.

**9 Microfasertuch**
Das saugfähige Gewebe eignet sich perfekt zum Abtrocknen und Polieren.

9

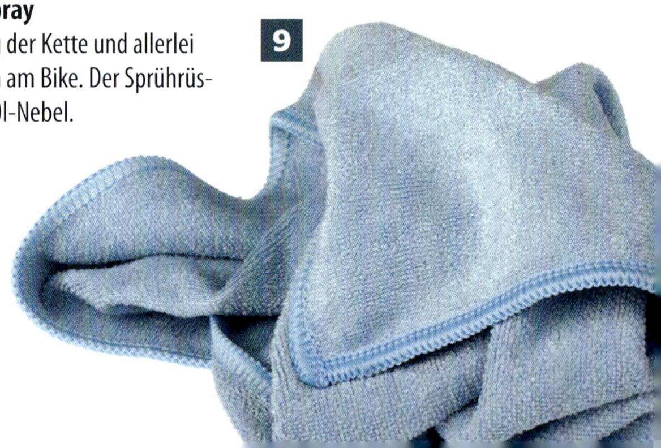

# Reinigen

1

2

**1 Schwamm und Lappen**
Feste Schmutzschichten entfernt man am besten mit Schwamm und Lappen.

**2 Alte Zahnbürste**
Damit gelangt man auch an enge oder verborgene Stellen.

**3 Entfetter**
löst selbst Kettenschmiere und Teerreste.

**4 Bremsenreiniger**
entfettet Bremsscheiben und verdunstet rückstandsfrei.

**5 Waschbenzin**
löst hartnäckigen Schmutz ohne Lacke, Kunststoffe oder Gummi anzugreifen.

3

4

5

6

**6 Ritzelrechen**
Der „Drachenschwanz" reinigt enge Ritzelzwischenräume, die Borsten kommen zur Feinreinigung an Ritzel und Kettenblättern zum Einsatz.

**7 Fahrradreiniger**
besteht aus fettlösendem Wirkstoff-Konzentrat: Aufsprühen, einwirken lassen, mit viel Wasser abspülen. Achten Sie bitte auf biologische Abbaubarkeit!

**8 Bürstensatz**
Speziell geformte Bürsten kommen auch in enge Winkel und Zwischenräume.

8

7

# Ergonomie

Mit E-Power machen sogar steilste Anstiege Spaß. Allerdings gelingen solche Steigungsorgien nur, wenn das Bike perfekt auf seinen Fahrer eingestellt ist.

# Mensch & Maschine

**Eine ungewohnte Haltung, taube Hände, verkrampfte Schultern, Schmerzen am Po: Schweißtreibend bleiben Anstiege auch mit Motor. Doch Schmerzen beim Biken müssen nicht sein. Stellen Sie Ihr Bike doch einfach gründlich und perfekt ein!**

Das machen viele falsch: Die Sitzposition ist entscheidend für ein sicheres Fahrverhalten und effektives Pedalieren. Auch auf dem E-Bike. Dabei ist wichtig, dass der Schwerpunkt des Fahrers ausgewogen zwischen den Achsen verteilt ist. So reagiert das Bike feinfühliger auf Lenkeinschlag, die Federung arbeitet präziser und effizienter. Zudem bekommt das Vorderrad mehr Bodenhaftung, läuft ruhiger durch Kurven und steigt an steilen Passagen bergauf nicht so früh hoch. Eine perfekt angepasste Sitzposition ist auch entscheidend dafür, dass man sich auch nach langen Stunden im Sattel noch wohlfühlen kann. Treten Schmerzen beim Fahren auf, reichen oft schon geringe Veränderungen der Sattelhöhe, -neigung oder der Sitzlänge, um durch eine ergonomisch günstigere Körperhaltung wieder schmerzfrei zu werden.

Doch auch das Cockpit darf man dabei nicht vergessen: Durch die ergonomische Ausrichtung von Lenker, Griffen, Brems- und Schalthebeln lässt sich das Bike auch besser beherrschen und souveräner steuern. Finger und Handgelenke, aber in der Folge auch Schultern und Nacken ermüden durch ungünstig ste-

**Vario-Stütze**

Eine der besten technischen Innovationen der letzten Jahre: Die Vario-Stütze. Sie senkt den Sattel auf Knopfdruck ab. Auf und Ab geht's in Sekundenschnelle per Hydraulik oder Luftdruck, ein Daumenhebel am Lenker gibt das Kommando dazu. In schwierigem Gelände und bei Abfahrten kann der Biker so seinen Schwerpunkt stufenlos um bis zu zehn Zentimeter absenken. Der Stabilitätsgewinn ist riesig. Schwierige Stellen lassen sich in Sattel und Pedalen sensibler überwinden. Bergab steigen Sicherheit und Geschwindigkeit.

hende Hebel und Griffe am Lenker unnötig schnell. Eingeschlafene oder taube Nerven von Hand und Fingern erhöhen das Risiko einer verzögerten oder gar Fehlbedienung von Schaltung oder Bremsen.
Schalt- und Bremsbefehle müssen jederzeit ungehindert, im Zweifelsfall auch gleichzeitig möglich sein. Auch Display und Schalttasten für den Motor müssen für intuitive und verzögerungsfreie Bedienung erreichbar sein, ohne die Finger verrenken oder sogar die Hand am Lenkergriff öffnen zu müssen. Denn das kann dazu beitragen, dass man in kritischen Situationen die Kontrolle über das Bike verliert.
Zu den drei wichtigen Kontaktpunkten zählen auch die Pedale: Hier ist es oft schlicht eine Glaubensfrage, ob man sich für oder gegen Klick-Pedale entscheidet. Die Physiologie spricht dafür. Fest mit dem Schuh verbundene Pedale erlauben zusätzlich zum Druck auch den Zug am Pedal. Bei geübten Bikern stellt sich dadurch eine bessere, weil gleichmäßigere und effizientere Kraftverteilung bei jeder Kurbelumdrehung ein. Der harmonischere Bewegungsablauf ermüdet die Beine weniger, die Belastung für Hüft-, Knie- und Fußgelenke sinkt. Am E-MTB steigert der runde Tritt zudem die Reichweite. Und wenn nix weh tut, warum sollte man dann je wieder vom Bike steigen wollen?

Perfekte Haltung?
In Fahrhaltung sollten Ellbogen und Handgelenke noch leicht angewinkelt bleiben. Die Hände liegen locker am Lenker, ohne abzuknicken. Die Zeigefinger ruhen auf den Bremsgriffen, der Daumen auf der Schalttaste. So haben Sie Ihr Bike optimal im Griff.

# Sitzposition einstellen

**Erst wenn ein Bike exakt auf seinen Fahrer eingestellt ist, wird es optimal fahrbar. Wie man die Kontaktpunkte Sattel, Lenker und Pedale perfekt einrichtet, zeigen wir hier Schritt für Schritt.**

1

2

3
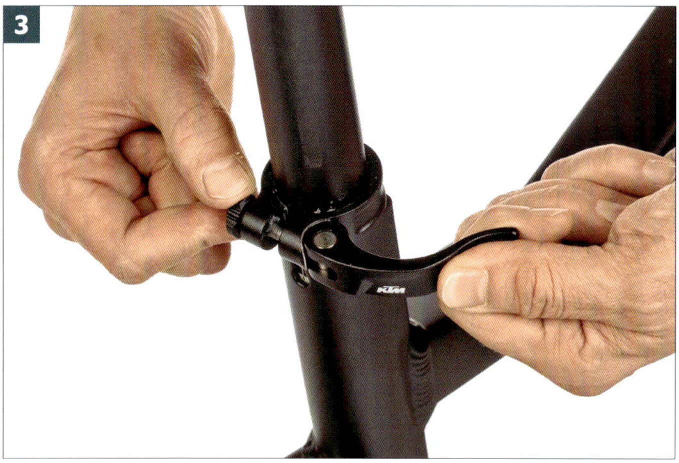

4

**1 Sattelhöhe**
Setzen Sie sich in Fahrhaltung aufs Bike. Drehen Sie eine Kurbel ganz nach unten. Am tiefsten Punkt stellen Sie die Ferse aufs Pedal. Die Sattelhöhe ist optimal, wenn das Bein in dieser Stellung gerade noch nicht ganz durchgestreckt ist.

**2 Sitzlänge**
Stellen Sie den Sattel in Längsrichtung so ein, dass ein Lot bei waagerechter Kurbel vom oberen Schienbeinkopf (hinter dem Meniskus) genau durch die Pedalachse fällt.

**3 Stützenklemmung vorspannen**
Verschließt die Sattelstützenklemmung per Schnellspannhebel, spannen Sie dessen Achslänge so vor, dass der Hebel ab etwa der Hälfte des Wegs beginnt, Kraft aufzunehmen.

**4 Schnellspanner anlegen**
Der Schnellspanner soll nur mit sehr großer Handkraft in geschlossene Position zu bewegen sein. Legen Sie den Hebel immer bis zum Anschlag nach vorn am Sitzrohr an, damit er sich nie versehentlich öffnen kann.

5

6

7

**5 Klemmschelle**
Beachten Sie an Klemmschellen stets die Drehmoment-Vorgaben. Verwenden Sie für die letzte Umdrehung den genau justierten Drehmoment-Schlüssel. Ist die Klemmung dadurch noch nicht verdrehsicher, erhöhen Sie den Wert um einzelne Newtonmeter so lange, bis die Sattelstütze nicht mehr verdrehbar ist.

**6 Limit am Sattelgestell**
Achten Sie darauf, die hohlen Röhrchen des Sattelgestells nicht außerhalb ihrer Markierung zu klemmen. Da hier jeder Zentimeter die Hebelverhältnisse verändert, könnte das Gestell sonst brechen.

**7 Sattel ausrichten**
Richten Sie den Sattel mit einer Wasserwaage genau waagerecht aus und schließen Sie die Klemmschrauben sorgfältig, gleichmäßig und unter Beachtung der Drehmomente.

**Ein-Schrauben-Klemmung!**
Am Sattel werden gelegentlich Klemmungen eingesetzt, die nur mit einer einzigen Schraube zusammenhalten. An dieser sicherheitsrelevanten Stelle ist das keine gute Idee: Das gesamte Fahrergewicht lastet selbst auf ruppiger Piste ausschließlich auf einer einzigen Schraube. Ziehen Sie solche Einzel-Klemmschrauben besonders sorgfältig und immer mit exaktem Drehmoment fest. Sichern Sie das Gewinde zusätzlich mit Schraubenkleber gegen selbsttätiges Lösen.

# Griffposition einstellen

Der Lenker und seine Armaturen müssen dem Biker entgegenkommen. Das Cockpit soll sich so natürlich anfühlen, als wäre es eine Verlängerung des eigenen Körpers.

**1 Lenker axial ausrichten**
Moderne Lenker sind meist dreidimensional geformt. Öffnen Sie die Lenkerklemmung im Vorbau und drehen Sie den Lenker so, wie er sich in Fahrhaltung am angenehmsten anfühlt.

**2 Klemmung mit Drehmoment**
Schließen Sie die Lenkerklemmung zuerst mit einem Inbus oder Torx. Verwenden Sie für die letzten ein, zwei Umdrehungen einen Drehmomentschlüssel. Schließen Sie eine Vierfach-Verschraubung immer über Kreuz.

**3 Platz an der Schelle lassen**
Positionieren Sie alle Armaturen so, dass zwischen erster Schelle und Griffende eine Daumenbreite Platz bleibt. Dann lassen sich Schalter und Hebel bequemer erreichen.

**4 Armaturen ausrichten**
Stellen Sie alle Schalter und Hebel am Lenker so, dass Sie sie in Fahrhaltung erreichen können, ohne Hand oder einzelne Finger unbequem abzuknicken oder zu verdrehen.

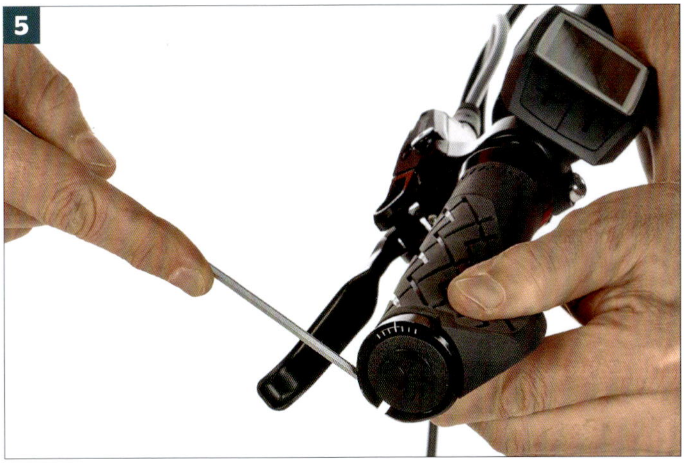


**5 Ergogriff ausrichten**
Lösen Sie die Klemmschellen der Lenkergriffe und drehen Sie die Handballenstütze so, dass die Außenseite der Handfläche durch lockere Auflage entlastet, die Hand dadurch aber nicht angehoben wird.

**6 Hebelweite einstellen**
Zum Schluss richten Sie die Hebelweite der Bremsgriffe auf Ihre Fingerlänge ein. Das erste Glied des Zeigefingers soll im Hebelknick zu liegen kommen. So entwickeln Sie die meiste Kraft bei gleichzeitig höchster Sensibilität am Bremshebel. Die Schraube der Hebelweitenregulierung sitzt meist als schlanke Inbus- oder Torx-Madenschraube nahe dem Hebel-Drehpunkt.

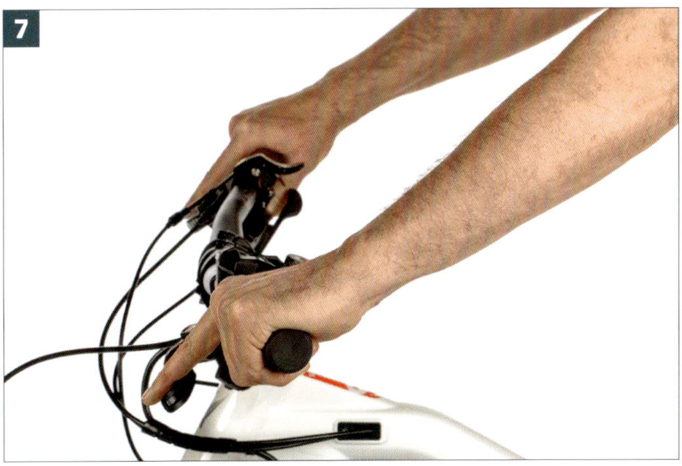


**7 Ideal-Position**
Stimmt alles, liegen die Hände in Fahrhaltung locker und mit nur leichtem Knick der Handgelenke auf den Lenkergriffen. Die Zeigefinger ruhen mit dem ersten Fingerglied auf dem Knick im Bremshebel, die Daumen erreichen sowohl die Motorsteuerung als auch die Schalttasten ohne Verrenkung.

# Cockpit-Höhe einstellen

Auch die Höhe von Lenker und Vorbau entscheidet über das Fahrverhalten eines Bikes und über die Fahrsicherheit. Denn je tiefer ein Lenker steht, desto mehr Gewichtsanteil des Fahrers lastet auf dem Vorderrad. Dort sorgt mehr Druck von oben für besseren Grip und Spurführung. Und damit für mehr Sicherheit in kritischen Fahrsituationen.

**1 Vorbauklemmung öffnen**
Stellen Sie das Bike am besten im Montageständer fixiert ab, das Vorderrad ruht am Boden. So kann die Gabel nicht nach unten herausrutschen, während der Vorbau offen ist. Lösen Sie die seitlichen Vorbau-Klemmschrauben, bis sich der Vorbau auf dem Gabelschaft frei drehen lässt.

**2 Vorbaudeckel entfernen**
Drehen Sie die senkrechte Lagerspannschraube im Vorbaudeckel ganz heraus und heben Sie den Vorbaudeckel ab.

**3 Cockpit und Spacer abnehmen**
Ziehen Sie nun den Vorbau mitsamt Lenker vorsichtig vom Gabelschaft. Entnehmen Sie so viele Spacer-Ringe, wie Sie den Lenker tiefer setzen möchten. Es sollte jedoch mindestens ein Spacer zwischen Vorbau und Lagerdeckel des Steuersatzes zurückbleiben. So verteilt sich der Druck der Lagerspannschraube gleichmäßiger auf die Lagerringe im Steuersatz.

**4 Spacer oben aufsetzen**
Stecken Sie den Vorbau um den entnommenen Spacer tiefer auf den Gabelschaft. Platzieren Sie den oder die entnommenen Spacer-Ringe ebenfalls auf dem Gabelschaft, jetzt oberhalb des Vorbaus. Bringen Sie den Vorbaudeckel und die Lagerspannschraube wieder an. Achtung: Die Spacer müssen das Ende des Gabelschafts etwa 5 mm überragen, damit die Lagerspannung durch den Vorbaudeckel einstellbar bleibt.

**5 Lagerspiel neu justieren**
Ziehen Sie die senkrechte Lagerspannschraube mit Gefühl nur so fest, dass der Steuersatz spielfrei sitzt, der Lenker aber noch frei und geschmeidig drehbar bleibt (vgl. S. 133). Ist das Lager bereits zu fest, öffnen Sie die Spannschraube ein, zwei Umdrehungen, heben Sie das Vorderrad etwas an und stoßen es dann zu Boden, um die Lager-Spannung wieder zu lockern. Wiederholen Sie dann die Einstellung der Klemmschraube noch einmal.

**6 Vorbau neu klemmen**
Richten Sie den Lenker am Vorbau exakt quer zur Fahrtrichtung aus. Schließen Sie die Klemmschrauben zuerst von Hand, dann mit dem Drehmomentschlüssel und den erforderlichen Werten. Prüfen Sie alle Teile nochmals auf festen Sitz (siehe nächste Seite) und machen Sie eine Probefahrt, um die neue Lenkerhöhe zu testen.

# Sicherheitschecks

Manchmal vergisst selbst ein Profi-Schrauber, eine Schraube korrekt anzuziehen. Verdrehen sich jedoch Sattel oder Lenker während der Fahrt, kann das böse enden. Auch die Kugellager am Gabeldrehpunkt sind bei losem Lagersitz gefährdet. Nach jeder Reparatur und vor dem ersten Losfahren sollten Sie deshalb gewissenhaft folgende Checks an Lenker, Sattel und Steuerlager absolvieren.

**1 Lenker fest?**
Nehmen Sie das Vorderrad zwischen die Knie. Der Lenker darf sich auch bei kraftvollem Einsatz nicht verdrehen lassen. Bewegt sich der Vorbau auf dem Gabelschaft, öffnen Sie die Klemmung und ziehen Sie sie unter Beachtung der Drehmomente erneut fest. Stellen Sie sicher, dass kein Fett unter die Klemmfläche geraten ist.

**2 Check Steuerlager**
Ziehen Sie die Vorderbremse und bewegen Sie das Bike mit blockiertem Vorderrad etwas vor und zurück. Am unteren Lagerspalt zwischen Gabelkrone und Steuerrohr sollen die Finger kein Spiel feststellen können.

**3 Verdreh-Check Sattelstütze**
Prüfen Sie vor dem Losfahren auch, ob die Sattelstütze verdrehsicher geklemmt ist. Lässt sie sich unter mittelmäßigem Krafteinsatz zur Seite drehen, erhöhen Sie die Klemmkraft der Schelle etwas. Überschreiten Sie jedoch nicht das angegebene Drehmoment.

1

2

3

# Klickpedale

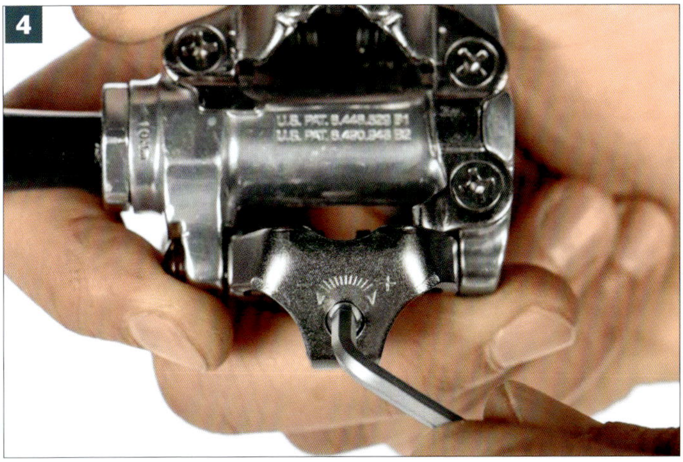


**5 Auslösehärte einstellen**
Per 3-mm-Inbus können Sie einstellen, wieviel Kraft man benötigt, um den Schuh aus dem Pedal zu klicken. Geben Sie ab und zu einen Tropfen Öl auf die Stellschraube, damit sie sich stets leicht drehen lässt.

**6 Neuer Schuh: Cleats markieren**
Setzen Sie Ihren Fuß mit dem neuen Schuh in Fahrhaltung aufs Pedal. Ein Helfer markiert die Mitte der Pedalachse auf beiden Seiten der Sohle. Ziehen Sie eine Linie von linker zu rechter Markierung. Schieben Sie die Gewindeplatte in der Sohle mittig an diese Position. Richten Sie das Cleat auf Höhe dieser Linie, längs jedoch exakt in Fahrtrichtung aus.

**7 Cleat montieren**
Fetten Sie die Gewinde beider Schrauben sowie Bohrungen, Kontur und Passung der Lochplatte. Drehen Sie beide Schrauben anfangs nur gut handfest ein. Dabei sollte sich das Cleat gerade so nicht mehr verdrehen lassen. Klicken Sie dann den Schuh ins Pedal und überprüfen Sie die Fuß-Position. Passt alles, ziehen Sie die Schrauben endgültig mit Schmackes fest. Die Verzahnung des Cleats krallt sich erst ganz zum Schluss stabilisierend in die Sohle.

Shimanos SPD-System ist ein robustes, effizientes Klick-System. Bauarten anderer Hersteller funktionieren jedoch prinzipiell vergleichbar.

# Federung

Auf flotten Abfahrten kann man der Federgabel beim Arbeiten zusehen. Sind Federhärte und Dämpfung optimal eingestellt, kann das Fahrwerk den gesamten Federweg effektiv nutzen.

# Komfortzone

**Erst Federgabel und Dämpfer machen ein Mountainbike geländetauglich. Das gefederte Fahrwerk sorgt durch Einfedern der Laufräder für mehr Bodenkontakt. So sind Vortrieb und Lenkbarkeit auch in grobem Geläuf stets garantiert.**

Ein Luftdämpfer wie der RockShox Monarch RT wiegt nur 215 Gramm. Je nach Kinematik des Hinterbaus, in dem er arbeitet, realisiert er Federwege von etwa 130 Millimetern.

Die Federung an Vorder- und Hinterrad drückt das jeweilige Laufrad durch den Negativ-Federweg in Richtung Boden. Bei stärkerem Gegendruck geben die Federelemente jedoch auch in umgekehrte Richtung nach und lassen das Laufrad kontrolliert ein Stück nach oben ausweichen, sodass es beim Überfahren eines Hindernisses nicht unkontrolliert springt. Dadurch bleibt das Bike permanent lenkbar, hält die Spur, und die Kraft von Antrieb und Bremse gelangt jederzeit satt auf die Fahrbahnoberfläche. Die Schwerpunktlage des Fahrers als gefederte Masse wird vom unruhigen Untergrund wirkungsvoll entkoppelt.

Die Federelemente, also Federgabel und Dämpfer, müssen jedoch penibel auf Fahrergewicht und Untergrund abgestimmt werden, damit die Federung erfolgreich arbeitet und bestmögliches Fahrverhalten entsteht. Dazu dient ein System von Luftkammern, die man mit einer speziellen, hochdruckfähigen Dämpferpumpe befüllt. Für grobe Strecken mit harten, langhubigen Schlägen stimmt man die Luftkammern entsprechend weich ab, für schnelle Forstwege und festen Untergrund eher straff.

An einem neuen Bike muss die Federung anfangs von Grund auf auf das Gewicht des Bikers eingestellt werden. Das wichtigste Kriterium bei der Justage ist der Sag, der negative Federweg. Der zeigt an, wie weit der Biker einfedert, wenn er nur durch sein Gewicht die Federung komprimiert. Fährt er nun durch ein Schlagloch, drückt der Negativ-Federweg die Laufräder aus dem Ruheniveau nach unten in die Fahrbahnvertiefung. Am Ende der Vertiefung drückt der Höhenunterschied das Laufrad wieder nach oben in die Federung zurück.

Am E-MTB zählt auch die Stabilität: Die Fox Factory 32 SC bietet ein konifiziertes Steuerrohr, 32 mm Standrohrdurchmesser, eine geschmiedete Tauchrohr-Einheit und eine Steckachse. Dennoch wiegt sie nur rekordverdächtige 1350 Gramm.

Doch erst regelmäßige Pflege und Wartung stellen sicher, dass das Fahrwerk agil bleibt. Staub und Schmutzpartikel an den Gleitflächen können die Beschichtung zerkratzen, Gummidichtungen zwischen Stand- und Tauchrohren der Gabel können undicht werden. Dringt Wasser ein, dauert es nicht lange, bis der Gabel deutliche Funktionseinbußen drohen. Das hohe Eigengewicht des E-MTBs macht eine sorgfältige Federungsabstimmung besonders wichtig: Denn es treten Impulsspitzen vom bis zum Zehnfachen des Eigengewichts auf, wenn Roß und Reiter bei hohem Gewicht und Geschwindigkeit ungebremst über ein Hindernis rumpeln.

Sind Fahrwerk und Reifendruck jeweils perfekt abgestimmt, sorgen beide gemeinsam und in gegenseitiger Ergänzung selbst auf ruppigsten Strecken für satten Bodenkontakt und komfortable Dämpfung für Bike und Biker. Stöße von unten landen zum größten Teil in den Federwegen und gelangen nur gefiltert an Lenker, Sattel und Pedale. Der Biker bleibt deutlich unverkrampfter und kann sich voll auf seine Fahrlinie, den Flow und hoffentlich auch auf die geniale Landschaft konzentrieren.

# Federgabel einstellen

**Die Federgabel macht ein Fahrrad erst zum Mountainbike. Doch nur, wenn die Federung exakt auf Fahrergewicht und Einsatzbereich abgestimmt ist, macht biken richtig Spaß. Wir zeigen die wichtigsten Schritte für ein perfektes Setup.**

### 1 Luftdruck und Fahrergewicht

An vielen Gabeln findet man Sticker mit einer Luftdruck/Fahrergewicht-Tabelle. Bei anderen Gabeln muss man sich die Werte online oder aus dem Manual besorgen. Die Werte sind, wie auch die Skalen der meisten Pumpen, in den Einheiten PSI und Bar angegeben. Sie sind jedoch nur eine Richtschnur. Weichen Sie (in Maßen) ganz nach Gusto davon ab.

### 2 Nullpunkt markieren

Schieben Sie den Gummiring am Gabelstandrohr ganz nach unten bis zur Dichtung am Tauchrohr.

### 3 Aufsitzen

Um den Sag, den Negativ-Federweg, zu ermitteln, setzen Sie sich vorsichtig und ohne zu verreißen mit vollem Gewicht aufs Rad. Senken Sie die Variostütze ganz ab, setzen Sie beide Füße aufs Pedal. Ein Helfer stützt Sie oder Sie lehnen sich mit dem Lenker an die Wand.

### 4 Sag ablesen

Nach dem Absteigen zeigt der Gummiring, wie tief Sie nur durch Ihr Gewicht in die Federung eingesunken sind. Dieser Wert sollte bei etwa 1/4 (straff) bis 1/3 (weich) des Gesamtfederwegs liegen.

**Kabelbinder benutzen**

Falls sich kein Gummiring (mehr) an der Gabel befindet, legen Sie einen Kabelbinder um das Standrohr und benutzen ihn analog.

Belassen Sie den Kabelbinder für spätere Setups und eine routinemäßige Sag-Kontrolle vor jeder Tour gleich an der Gabel.

**5 Gabel-Legende**

Um den Sag abzustimmen, verändern Sie den Luftdruck in der Federgabel-Kartusche. Das Autoventil versteckt sich meist unter einem Schraubdeckel, damit kein Schmutz ins Ventil oder gar in die Gabel gelangen kann.

Die Hersteller-übergreifende Konvention lautet: Der linke Gabelholm enthält Luftkartusche und Ventil. Rechts sind die Dämpfungskartusche, Verstellknopf, Druckstufe und der Lockout untergebracht.

**6 Dämpferpumpe aufschrauben**

Verwenden Sie eine Dämpferpumpe mit Druckunterbrecher. Denn eine offene Pumpe ohne Rückschlagventil kann beim Probesitzen durch den hohen Rückfluss des Drucks aus der Gabel zerstört werden.

Schrauben Sie den Pumpenschlauch handfest aufs Ventil, bis er dicht ist. Stellen Sie dann am Rückschlagventil im Pumpenschlauch die Verbindung her.

**7 Druck nach Maß**
Pumpen Sie den empfohlenen Druck in die Gabel. Prüfen Sie zwischenzeitig immer wieder durch Aufsitzen, ob der anvisierte Sag mit dem empfohlenen Gabeldruck harmoniert. Trennen Sie vor dem Aufsitzen Ihre Pumpe per Ventil oder komplett!

**8 Überdruck ablassen**
Ein Druckknopf-Ventil an der Pumpe lässt zu hohen Druck kontrolliert ab.

**9 Druckstufe abstimmen**
Das blaue Stellrad auf dem rechten Gabelholm regelt die Federhärte stufenlos oder in Klicks bis zum Lockout.

**Trenn-Ventil**
Falls Ihre Dämpferpumpe keine Unterbrechungsmöglichkeit zwischen Pumpe und Ventilanschluss besitzt, können Sie die Pumpe mit einem externen Eckventil (www.reset-racing.de) rückschlagfrei nachrüsten.

10

11

**10 Remote-Lockout**
Die Druckstufen-Einstellung (Compression) geht nahtlos in die komplette Blockade (Lockout) der Federgabel über. Einige Gabeln besitzen dafür auch einen Daumenhebel am Lenker. Achten Sie darauf, dass der Lockout bergab immer offen steht.

**11 Dämpfung einstellen**
Wie schnell die Gabel wieder ausfedert, lässt sich am Drehknopf unter dem rechten Gabelholm klickweise feinjustieren. Tasten Sie sich an die für Sie optimale Einstellung heran. Verstellen Sie die Drehknöpfe immer nur Klick für Klick.

**12 Dämpfung testen**
Lehnen Sie, bei gezogener Frontbremse, mit ganzem Gewicht schlagartig in die Gabel und pressen Sie den Lenker zu Boden.

**13 Ideale Dämpfungsstufe**
Lassen Sie dann den Lenker plötzlich los. Die Dämpfung stimmt, wenn das Vorderrad beim Ausfedern der Gabel nicht vom Boden abhebt. Überprüfen Sie die Federungsabstimmung immer durch eine Probefahrt z. B. an einem Bordstein.

12

13

# Dämpfer einstellen

**Am vollgefederten Bike findet sich meist ein Luftdämpfer am Hinterbau. Auch hier stimmen Sie den Luftdruck auf Fahrergewicht und Einsatzbereich ab. Wir zeigen, wie es geht.**

1

2

3

**1 Gummiring positionieren**
Auf dem Tauchrohr des Dämpfers befindet sich ein Gummiring. Schieben Sie ihn komplett an die Dichtung der Dämpferkartusche. Beim Aufsitzen soll er markieren, wie tief das Tauchrohr im Dämpfer eingefedert ist.

**2 Sag ermitteln**
Setzen Sie sich dann mit vollem Gewicht aufs Bike. Ein Helfer soll Sie halten oder Sie stützen sich mit dem Lenkerende an eine Wand. Setzten Sie die Füße auf die Pedale. Steigen Sie dann behutsam wieder ab, ohne zu wippen.

**3 Negativ-Federweg bestimmen**
Der Gummiring wurde nun vom Dämpfer so weit bewegt, wie Ihr Körpergewicht die Federung hat einsinken lassen. Diesen Federweg nennt man Sag oder negativen Federweg. Der Wert sollte etwa bei 1/4, wenn Sie ein straffes Fahrwerk bevorzugen, bzw. 1/3 des Gesamtfederwegs betragen, wenn Sie mit mehr Komfort unterwegs sein möchten. An vielen Dämpfern sind dafür sogar Markierungen angebracht.

**4 Dämpferhärte einstellen**
Pumpen Sie nach dem Richtwert für Ihr Gewicht Luft in den Dämpfer (Aufdruck oder Manual/Website). Entkoppeln Sie die Pumpe vom Rückschlag durch abschrauben oder Trennventil, und prüfen Sie dann durch erneutes Aufsitzen, ob der gewünschte Sag erreicht wird.

**5 Plattform**
Der blaue Hebel am Dämpfer regelt, ab welcher Stoß-Intensität der Lockout aufmacht und der Dämpfer einfedert. Rechts blockiert der Dämpfer (Lockout).

**6 Zugstufen-Regelung**
Ein roter Drehring reguliert die Ausfeder-Geschwindigkeit des Dämpfers von völlig ungebremst bis extrem verzögert. Testen Sie mehrfach an einem Bordstein, welche Einstellung sich am Hinterrad perfekt anfühlt.

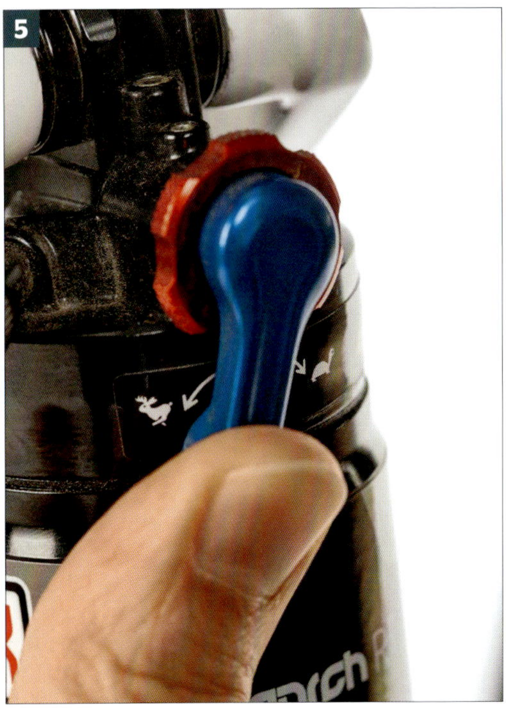

# Federgabel warten

1

**Damit die sensible Federung ungehindert und feinfühlig funktionieren kann, braucht sie Pflege: Nach jeder Tour sollten Sie Schmutz von den Tauchrohren und Dichtungen entfernen, die Oberflächen salben & schmieren und auf Risse oder Beulen untersuchen.**

2

**1 Buchsenspiel prüfen**
Legen Sie zwei Finger an die Dichtung im Tauchrohr. Ruckeln Sie das Bike bei gezogener Vorderbremse mehrmals vor und zurück. Falls Spiel fühlbar wird, müssen die Buchsen getauscht werden (Hersteller-Service).

**2 Oberflächen checken**
Untersuchen Sie Ihre Gabel regelmäßig auf Kratzer, Risse oder Beulen. Davon könnten Bruchrisse ausgehen.

**3 Standrohre wischen**
Entfernen Sie Staub und Schmutz regelmäßig mit einem weichen, leicht öligen Tuch von beiden Standrohren.

**4 Dichtung säubern**
Mit einem öligen Wattestäbchen lässt sich die Dichtung perfekt säubern. Schmutzpartikel können auf Dauer Rohrbeschichtung und Dichtlippen zerstören.

3

4

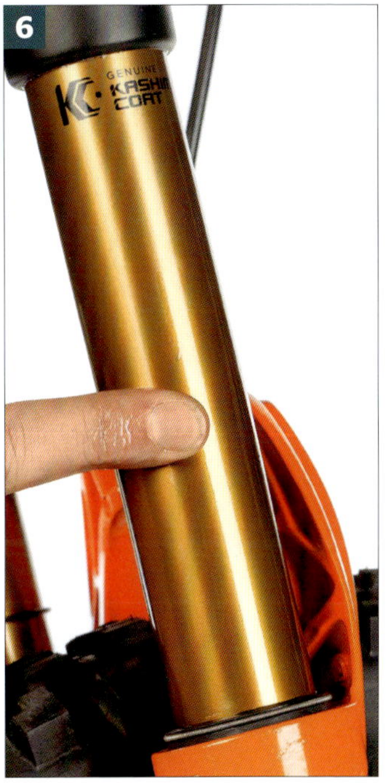


**5 Dichtung schmieren**
Mit einem Kabelbinder oder Zahnstocher hebeln Sie die Gummidichtung vorsichtig auf, um etwas Gabelfett oder zähes Gabelöl ringsum unter die Dichtlippen zu befördern. Dies weist Schmutz und Feuchtigkeit ab, schont die Beschichtung und reduziert deutlich die Losbrechkraft beim Einfedern.

**6 Rohrbalsam**
Ein dünner Fettfilm auf dem Standrohr füllt die Poren, beugt Kratzern vor und lässt die Gabel sensibler einfedern.

# Dämpfer warten

**1 Buchsenspiel prüfen**
Lösen Sie den Dämpfer einseitig von Rahmen oder Wippe. Bewegen Sie ihn in seiner Aufhängung hin und her. Prüfen Sie, ob er seitlich spielfrei, aber axial geschmeidig drehbar ist. Wiederholen Sie den Check an beiden Enden.

**2 Dämpfer sauberhalten**
Wischen Sie den Dämpfer mit einem leicht öligen Lappen frei von Staub und Schmutzpartikeln. Es dürfen keine Partikel in seine Dichtung geraten.

# Motor & Akku

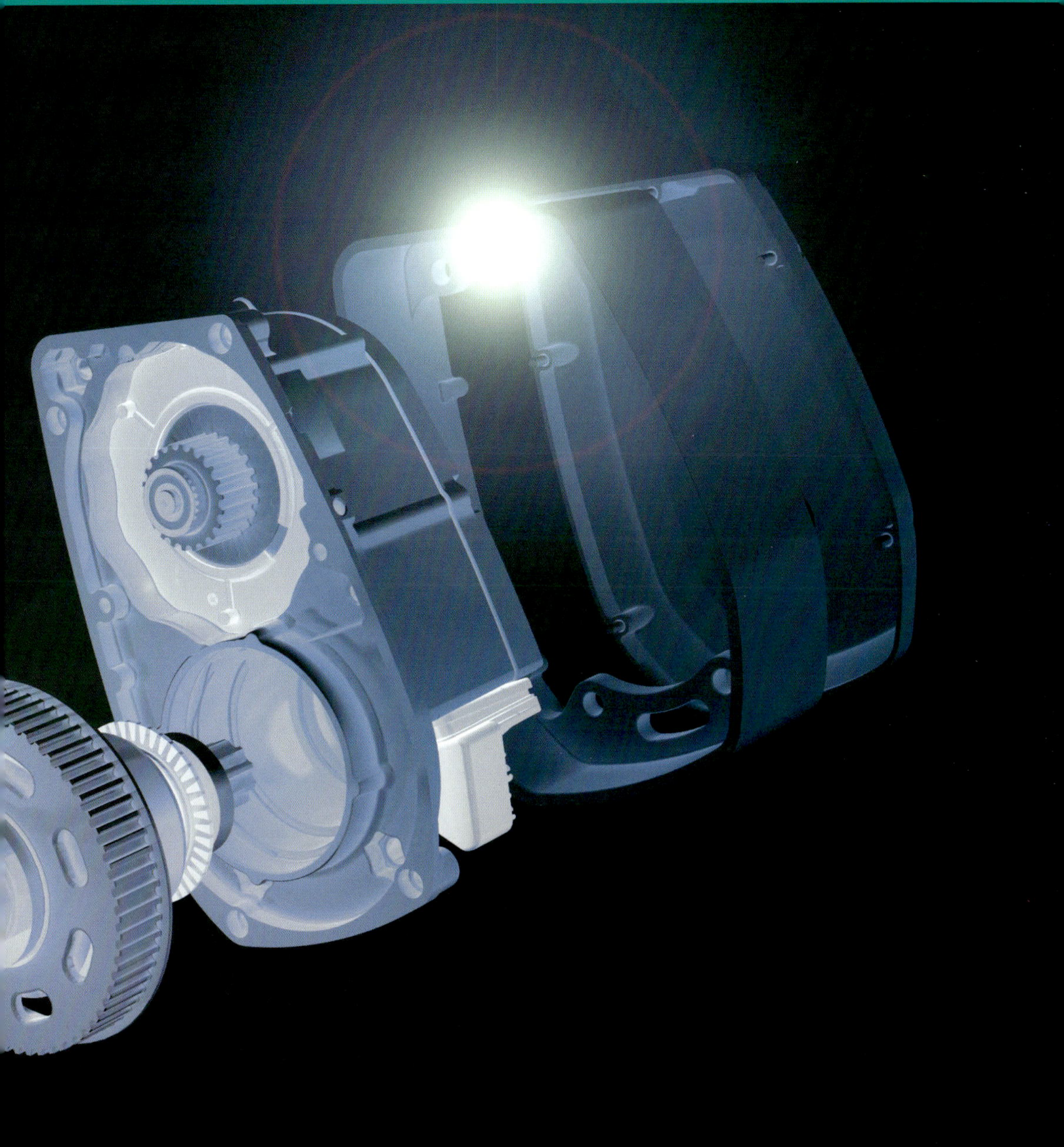

Am E-Bike sitzt der eigentliche E-Motor direkt neben der Kurbelwelle. Eine interne Übersetzung passt die Drehzahl des hochdrehenden Motors auf die Tretkurbel an. Beim Brose-Motor sorgt ein Riemen für einen leisen, extrem vibrationsarmen Lauf.

# Power aus dem Akku

**Der Stromspeicher ist das Kraftzentrum im E-MTB. Doch Li-Ion-Akkus wollen gehegt und gepflegt werden, damit sie möglichst lange Strom spenden können. Was den Umgang mit Akku, Motor und Elektrik besonders macht, zeigen wir hier.**

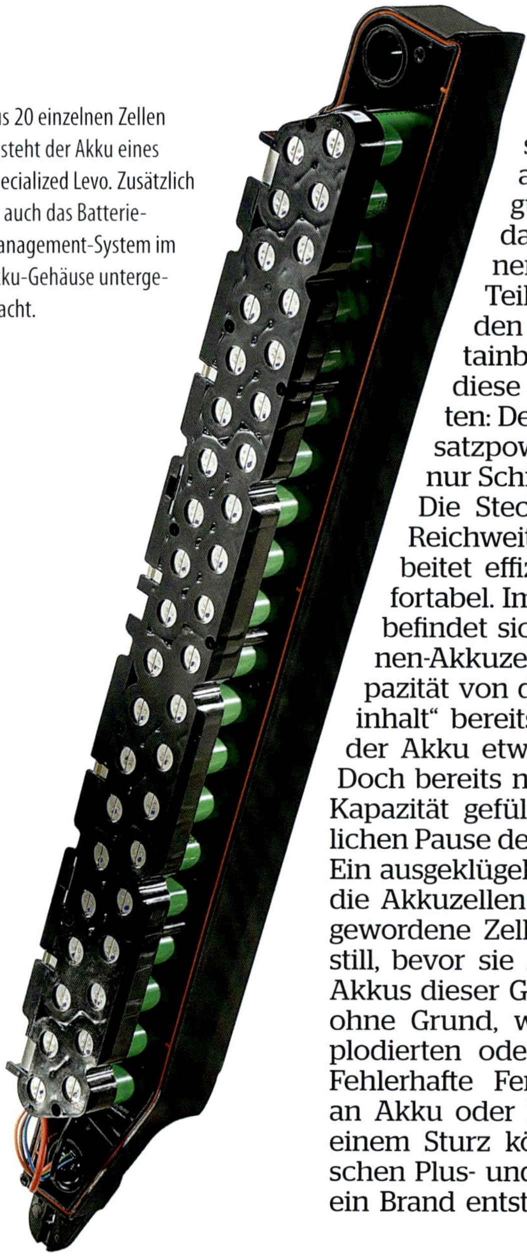

Aus 20 einzelnen Zellen besteht der Akku eines Specialized Levo. Zusätzlich ist auch das Batterie-Management-System im Akku-Gehäuse untergebracht.

Dieser Schub ist es, der das E-Biken so lustvoll macht. Wer die Kraft von satten 250 Watt im Kreuz spürt, kann auch bergauf meist das vielbeschriebene Grinsen im Gesicht nicht abstellen. Geschmeidige Beschleunigung und zerrende Kurvenlagen fluten das menschliche Gehirn mit Endorphinen. Dass diese Kraft beim E-MTB zum Teil von außen zugesteuert wird, macht den Unterschied zum klassischen Mountainbike aus. Doch gleichzeitig eröffnet erst diese Tatsache neue, reizvolle Möglichkeiten: Den Uphill-Flow zum Beispiel – diese Zusatzpower macht Stellen fahrbar, wo früher nur Schieben möglich war.

Die Steckdose muss beim E-MTB immer in Reichweite bleiben. Moderne Akkutechnik arbeitet effizient und inzwischen ziemlich komfortabel. Im Inneren der kompakten Kraftpakete befindet sich eine Vielzahl einzelner Lithium-Ionen-Akkuzellen, die miteinander eine Gesamtkapazität von derzeit meist 500 Wattstunden „Tankinhalt" bereitstellen. Für eine volle Ladung muss der Akku etwa 4 bis 5 Stunden an die Steckdose. Doch bereits nach etwa 2 Stunden sind rund 80 % Kapazität gefüllt – auf Tour ist nach einer gemütlichen Pause der Akku wieder ausreichend fit.

Ein ausgeklügeltes Batterie-Management-System lädt die Akkuzellen der Reihe nach, defekte oder müde gewordene Zellen erkennt das System und legt sie still, bevor sie Ärger machen können. Denn Li-Ion-Akkus dieser Größe gelten als Gefahrgut. Nicht ganz ohne Grund, wenn man die Nachrichten von explodierten oder brennenden Stromspeichern liest. Fehlerhafte Fertigung, aber auch Manipulationen an Akku oder Elektronik oder ein starker Stoß bei einem Sturz können die innere Trennschicht zwischen Plus- und Minuspol schädigen. Dadurch kann ein Brand entstehen. Dieses Risiko bleibt jedoch ge-

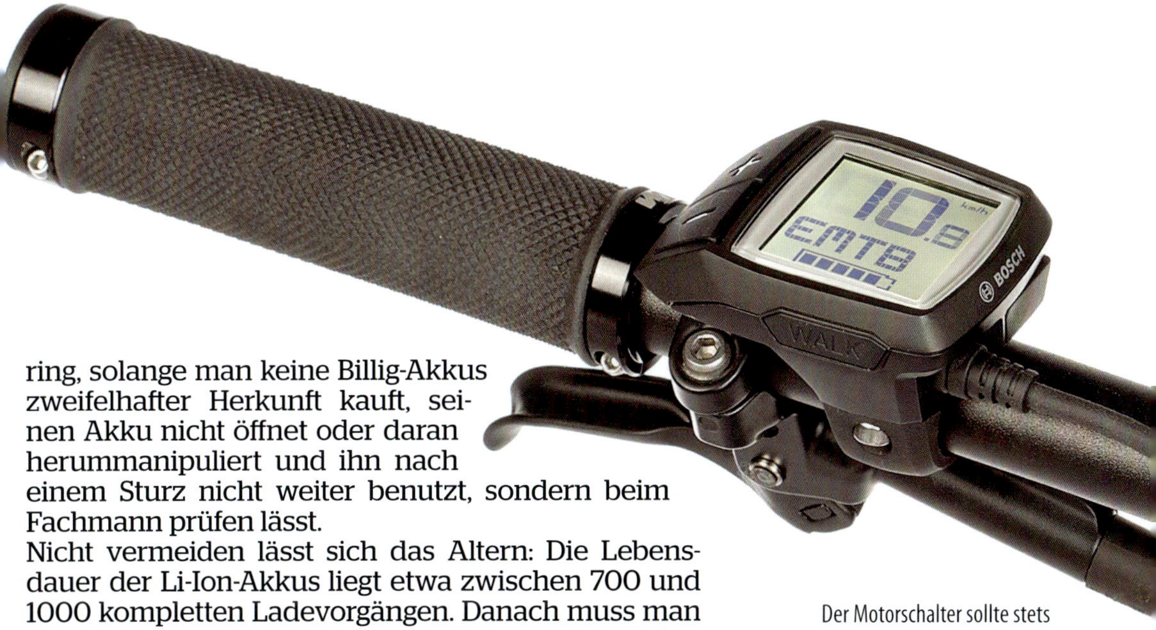


Der Motorschalter sollte stets bequem mit dem Daumen erreichbar sein. Die Wahl der Unterstützungsstufe kann man wie die Auswahl des Kettenblatts an einer Dreifach-Kurbel betrachten.

ring, solange man keine Billig-Akkus zweifelhafter Herkunft kauft, seinen Akku nicht öffnet oder daran herummanipuliert und ihn nach einem Sturz nicht weiter benutzt, sondern beim Fachmann prüfen lässt.

Nicht vermeiden lässt sich das Altern: Die Lebensdauer der Li-Ion-Akkus liegt etwa zwischen 700 und 1000 kompletten Ladevorgängen. Danach muss man Ersatz beschaffen. Teilladungen beeinträchtigen den Akku nicht, es gibt keinen Memory-Effekt. Pro Jahr kann man über den Daumen mit 5 % Funktionsverlust kalkulieren. Nach fünf Jahren fasst der Akku also nur noch 75 % seiner ursprünglichen Kapazität.

Die Reichweite eines Bikes ist für die meisten Nutzer eine wichtige Frage. Doch gerade die lässt sich nicht pauschal beantworten: Zu viele Faktoren spielen dabei eine gewichtige Rolle. Neben Systemgewicht, Fahrstrecke, Höhenmetern und Fahrbahnbeschaffenheit zählen auch Außentemperatur, Windverhältnisse, Reifendruck, natürlich die verwendete Unterstützungsstufe und vor allem anderen die körperliche Leistungsfähigkeit des Bikers. Denn das System dosiert die zugesteuerte Motorleistung immer erst nach der eigenen, muskulären Vorleistung.

Touren mit 1500 Höhenmetern und 50 Kilometern Strecke lassen sich erfahrungsgemäß mit einer Akkuladung bewältigen, solange man sparsam mit der Akkupower umgeht.

**Reichweite erhöhen**

Wird unterwegs die Power knapp, lässt sich der Restverbrauch mit diesen Optionen noch etwas strecken:

- Nutzen Sie feste, glatte Untergründe wie Asphaltstraßen oder Radwege statt Offroad-Trails.
- Treten Sie so gleichmäßig und rund wie möglich.
- Bleiben Sie in Fahrt und halten Sie die Geschwindigkeit möglichst gleichmäßig hoch.
- Schalten Sie einen Gang leichter als Sie es eigentlich für angemessen halten.
- Fahren Sie mit hoher Kadenz und möglichst hoher Eigenkraft.
- Schalten Sie den Motor ab, so oft es geht.

# Akku

Der Stromspeicher am E-MTB besteht aus miteinander vernetzten Lithium-Ionen-Zellen. Die Technik zeichnet sich durch hohe Effizienz, niedriges Gewicht, einfache Handhabung und ein vernünftiges Preis-Leistungsverhältnis aus. Jedoch muss man wissen: Li-Ion-Akkus haben eine klar begrenzte Lebensdauer. Zudem gelten sie als Gefahrgut.

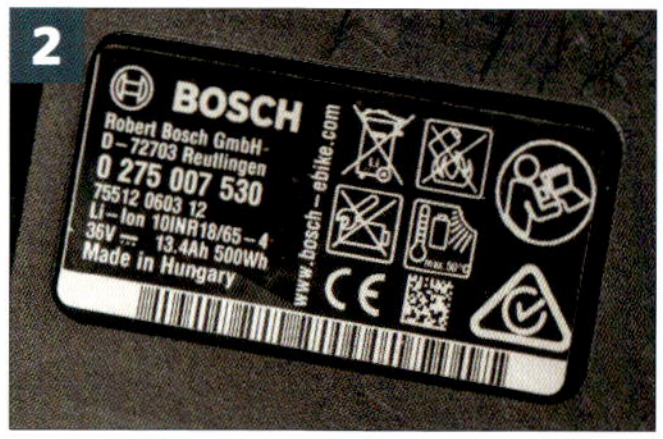

**1 Ladezustand checken**
Jeder Akku hat eine Anzeige, die auf Knopfdruck durch LEDs den aktuellen Ladezustand signalisiert. Werfen Sie vor jeder Fahrt einen Blick darauf.

**2 Problem-Müll**
Ein verbrauchter oder defekter Akku darf nicht in den Hausmüll. Bringen Sie ihn zum Wertstoffhof oder zum Fachhändler.

**3 Feuerfest laden**
Lassen Sie einen Li-Ion-Akku nicht unbeaufsichtigt laden, hängen Sie ihn nicht über Nacht ans Ladegerät. Stellen Sie Akku und Ladegerät zur Sicherheit auf eine feuerfeste Unterlage wie ein Backblech oder einen Topf. Falls ein Akku brennt, kann das Feuer mit sehr viel Wasser oder Sand eingedämmt werden. Sofort die Feuerwehr rufen!

**4 Akku nie öffnen**
Ein Akku-Gehäuse darf nicht geöffnet, angebohrt oder durchstochen werden. Überbrücken Sie nie die Kontakte!

**5 Nach Sturz nicht mehr benutzen**
Nach einem Sturz oder Schlag darf ein Lithium-Ionen-Akku nicht mehr benutzt werden. Das heißt: Weder im Bike benutzen noch ans Ladegerät hängen. Durch den Aufschlag bei einem Sturz oder Fall kann die dünne Trennschicht der Zellen beschädigt werden. Im schlimmsten Fall kann so ein Brand entstehen. Lassen Sie einen beschädigten Akku beim Fachhändler checken.

# Akkubefestigung

**1 Akku sicher einrasten**
Vergewissern Sie sich vor dem Losfahren immer, dass der Akku sicher eingerastet ist. Einige Rast-Mechanismen schließen sehr träge.

**2 Halterung freilegen**
Schlägt der Akku in Fahrt am Rahmen, hat sich die Halterung gelockert. Drehen Sie die Halteschraube aus dem Gehäuse und nehmen Sie die Haube ab.

**3 Akkuhalterung nachziehen**
Ziehen Sie die Rahmenschrauben der oberen Akkuhalterung nach. Lockern sich die Schrauben erneut, sichern Sie ihre Gewinde mit Schraubenkleber. Bringen Sie das Gehäuse wieder an.

**4 Schloss schmieren**
Falls der Schlüssel hakt oder das Schloss rau dreht, geben Sie einen dosierten Stoß Sprühöl in den Schließzylinder. Auch nach der Bike-Wäsche oder einer Regenfahrt verdrängt dies Feuchtigkeit und schützt vor Korrosion. Im Winter verhindert ein leichter Ölfilm das Einfrieren von Schloss und Rastermechanik.

**5 Schließmechanismus schmieren**
Auch der Akku-Halteriegel verträgt ab und zu etwas Öl. In den verborgenen Winkeln lagern sich gern Staub und fettiger Schmutz an, was die Rastermechanik träge machen kann.

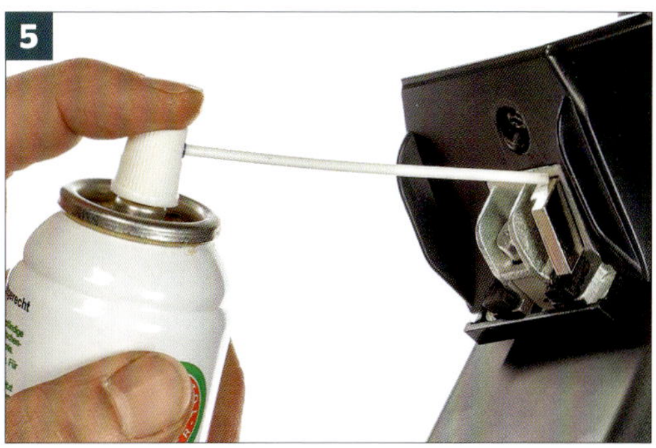

# Elektrik

Motor, Elektronik und Akku sind ein geschlossenes, eng aufeinander abgestimmtes System. Der E-Biker kann sich drauf verlassen, dass die Technik funktioniert. Dennoch können Störungen auftreten. Doch bevor man professionelle Hilfe sucht, sollte man sich zunächst selbst auf Fehlersuche begeben.

1

2

3
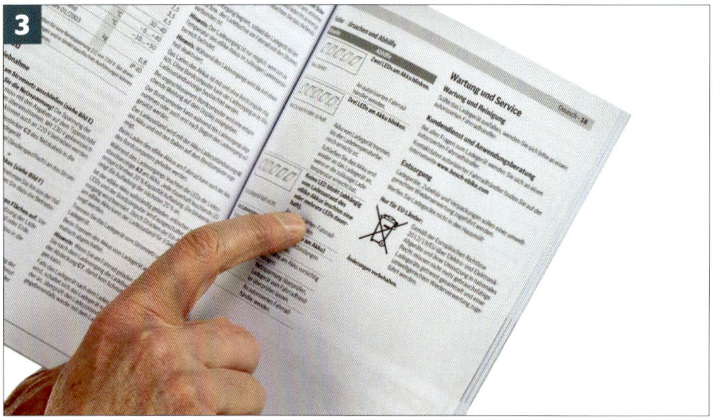

4

**1 System hochfahren**
Ein Druck auf die Taste am Bedienteil oder am Akku startet das Antriebssystem. Doch dauert es stets einige Sekunden, bis der Motor betriebsbereit ist.

**2 Stecker prüfen**
Gehen Sie sämtliche Steckverbindungen einzeln durch. Shimanos Steps-System arbeitet mit besonders stramm sitzenden Kabelsteckern. Die können nur mit dem Werkzeug TL-EW02 sicher eingesteckt oder gelöst werden.

**3 Fehlercodes beachten**
Falls Display oder Akku eine Fehlermeldung ausgibt, finden Sie in der Bedienungsanleitung Infos zu den möglichen Ursachen. Fotografieren Sie diese Seite mit dem Smartphone für unterwegs.

**4 Kabel aufräumen**
Achten Sie darauf, dass nirgends Kabel lose hängen. Fixieren Sie lose Stellen mit Klebeband oder Gummiringen. Reißt ein Kabel, steht das gesamte System still.

**5 Lenkerradius beachten**
Achten Sie insbesondere am Lenker bei der Verlegung von Elektrokabeln darauf, dass der Lenker von ganz links bis ganz rechts ungehindert drehbar bleibt. Auch bei einem Sturz darf das Verdrehen des Lenkers keinen Kabelbruch produzieren.

**6 Lenker aufräumen**
Lose Kabel können Sie mit Kabelbindern an Schaltzug oder Bremsleitungen fixieren. Innenverlegte Kabel lassen sich teils noch tiefer in den Rahmen schieben.

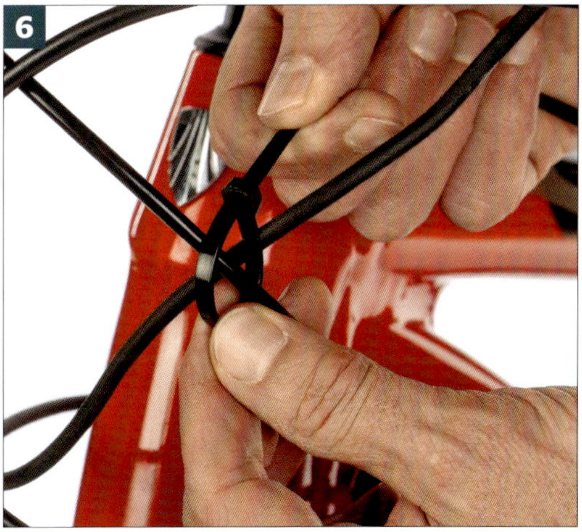

**7 Bewegungssensor ausrichten**
Ein Speichenmagnet gibt der Elektronik Bescheid, ob das Bike gerade fährt. Der Speichenmagnet wird in definiertem Abstand zum Sensor an der Kettenstrebe ausgerichtet. Bei Bosch sind das zwischen 5 und 17 mm.

**8 Steckverbindung**
Achten Sie darauf, dass Schraubstecker fest geschlossen sind. Besonders wichtig vor Regenfahrten oder der Bike-Wäsche: Feuchtigkeit produziert Korrosion.

# Problembehebung

**Mitten auf Tour kommt das plötzliche Aus: Der Motor streikt! Gut, ein E-MTB bleibt auch ohne Motor fahrbar. Ein Tour-Abbruch sollte nur die allerletzte Option sein. Vorher gilt es im Ausschlussverfahren noch einige Möglichkeiten auszutesten.**

**1 Unterflur-Akku bricht**
An der Unterseite des Rahmens montierte Akkus können bei harten Schlägen ausbrechen. Bei defekter Halterung helfen Kabelbinder oder Klebeband, den Akku am Platz zu halten.

**2 Hitze-Aus**
Die ideale Betriebstemperatur einzelner Motoren endet bereits bei 40 °C. In heißen Sommern, bei direkter Sonneneinstrahlung bergauf wird ein Motor deshalb schnell einmal zu heiß und streikt. Die Motor-Verkleidungen vieler Hersteller reduzieren die Kühlfläche ebenfalls oft über Gebühr. Lassen Sie einen überhitzten Motor im Schatten langsam abkühlen und machen Sie einfach mal so lange Pause. Spritzen Sie kein Wasser darauf!

**3 System-Reset**
Bei plötzlichem Ausfall unterwegs hilft eventuell ein Reset: Schalten Sie alle Komponenten ab, nehmen Sie, falls möglich, das Display und den Akku ab, lösen Sie alle Steckverbindungen. Warten Sie mindestens 3 Minuten ab, möglichst nicht in der prallen Sonne. Versuchen Sie dann einen Neustart.

**4 Wassereinbruch**
Elektrik hasst Wasser. Doch Starkregen auf Tour oder ein Sturz bei der Bachdurchquerung können vorkommen. Nehmen Sie den Akku heraus und trocknen Sie die Kontakte sorgfältig mit einem saugfähigen Microfasertuch aus dem Drogeriemarkt.

**5 Kontaktprobleme**
Stromkontakte lassen sich durch Fett- oder Schmutzanhaftung, Korrosion oder eine Kombination aus allen leicht irritieren. Stürzt das System ab, reinigen Sie alle Kontakte, die zugänglich sind und geben Sie einen Stoß Kontaktspray darauf. Bei Wasserschäden verdrängt Kontaktspray auch allerletzte Feuchtigkeitsreste aus schwer zugänglichen Winkeln wie Kontaktzungen oder Steckverbindungen.

**6 Sensor verdreht/fehlt**
Dreht der Magnetsensor am Hinterrad zur Seite, fällt der Antrieb aufgrund fehlender Betriebsdaten in den Notlauf-Modus oder stoppt ganz. Es kommt auch vor, dass das Magnetplättchen komplett aus seiner Fassung gefallen ist. Prüfen Sie den Speichenmagneten und richten Sie ihn korrekt zum Sensor aus. Der seitliche Abstand sollte zwischen 5 und 17 mm betragen. Der Magnet muss mittig am länglichen Teil des Sensors passieren.

# Schaltung & Kette

Die Kräfte von Mensch und Maschine fließen in der Schaltung zusammen: Die Lasten, die an Kette und Ritzel auftreten, sind immens. Gute Pflege und rechtzeitiger Austausch bei Verschleiß sind Voraussetzung für präzise Gangwechsel auf Tour.

# Über Ritzel, Zähne und Ketten

**Es ist die Schaltung, die ein E-MTB erst so richtig bergtauglich macht. Eine feine Abstufung, breite Übersetzung und knackige Gangwechsel selbst unter Last bringen Fahrdynamik und schonen Motor und Akkuleistung.**

Die Anzahl der Ritzel und deren Zähne bestimmt die Bergtauglichkeit eines Bikes. Moderne Schaltungen setzen auf bis zu 12 Gänge am Hinterrad.

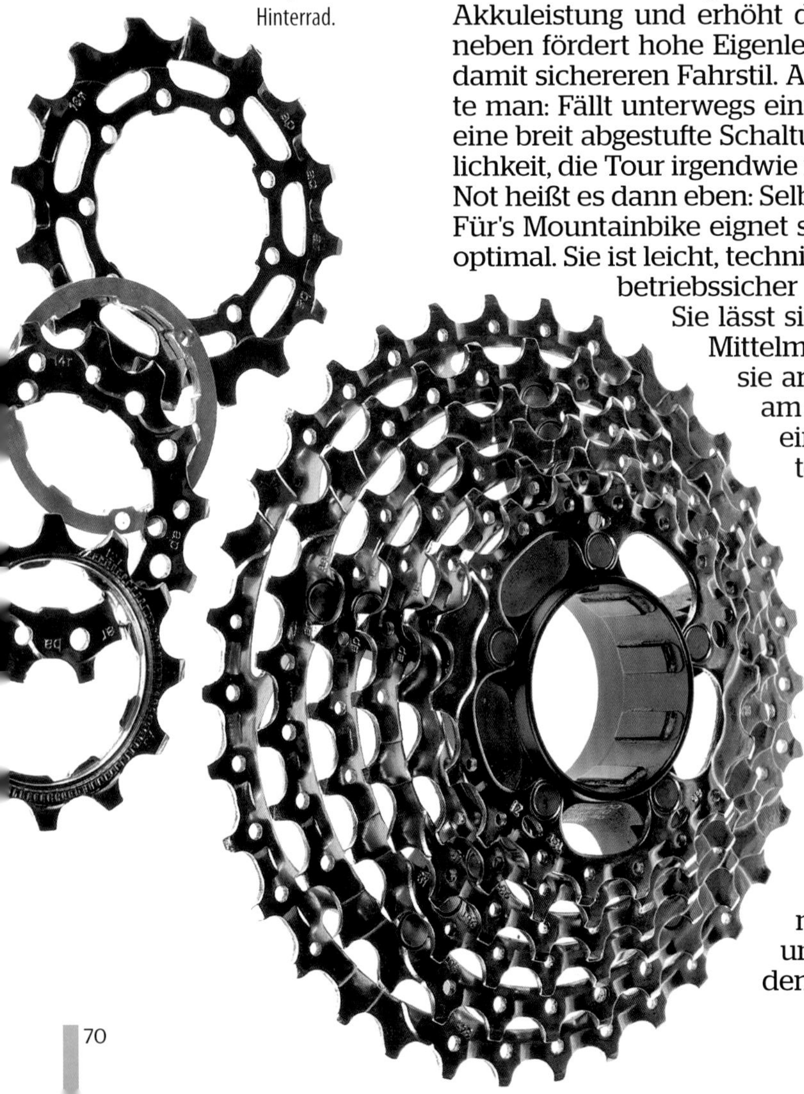

Trotz seines Motors benötigt ein E-Mountainbike eine möglichst breite Gangabstufung. Bei steilem Bergauf und -ab, aber auch beim kraftschonenden Dahinrollen in kupiertem Gelände, jederzeit profitiert der Motor von einer günstigen, effizienten Übersetzung. Denn: Kann der Biker einen hohen Anteil eigener Muskelkraft einbringen, schont das den Motor, spart Akkuleistung und erhöht damit die Reichweite. Daneben fördert hohe Eigenleistung einen aktiven und damit sichereren Fahrstil. Auch nicht übersehen sollte man: Fällt unterwegs einmal der Motor aus, bietet eine breit abgestufte Schaltung immer noch die Möglichkeit, die Tour irgendwie fortsetzen zu können. Zur Not heißt es dann eben: Selber treten!

Für's Mountainbike eignet sich eine Kettenschaltung optimal. Sie ist leicht, technisch hoch entwickelt, sehr betriebssicher und einfach zu bedienen. Sie lässt sich problemlos mit einem Mittelmotor kombinieren, denn sie arbeitet unabhängig davon am Hinterrad. Zudem ist sie einfach zu warten und bietet, einen sorgfältigen Pflegezustand vorausgesetzt, einen extrem hohen Wirkungsgrad und eine breite Gangspreizung.

Ihr Nachteil: Die offenliegende Technik ist der Witterung und der permanenten Verschmutzung ungeschützt ausgesetzt. Damit sie optimal funktionieren kann, muss eine Kettenschaltung regelmäßig, am besten sogar nach jeder Fahrt, gereinigt und gut geschmiert werden. Unvermeidlich bleibt

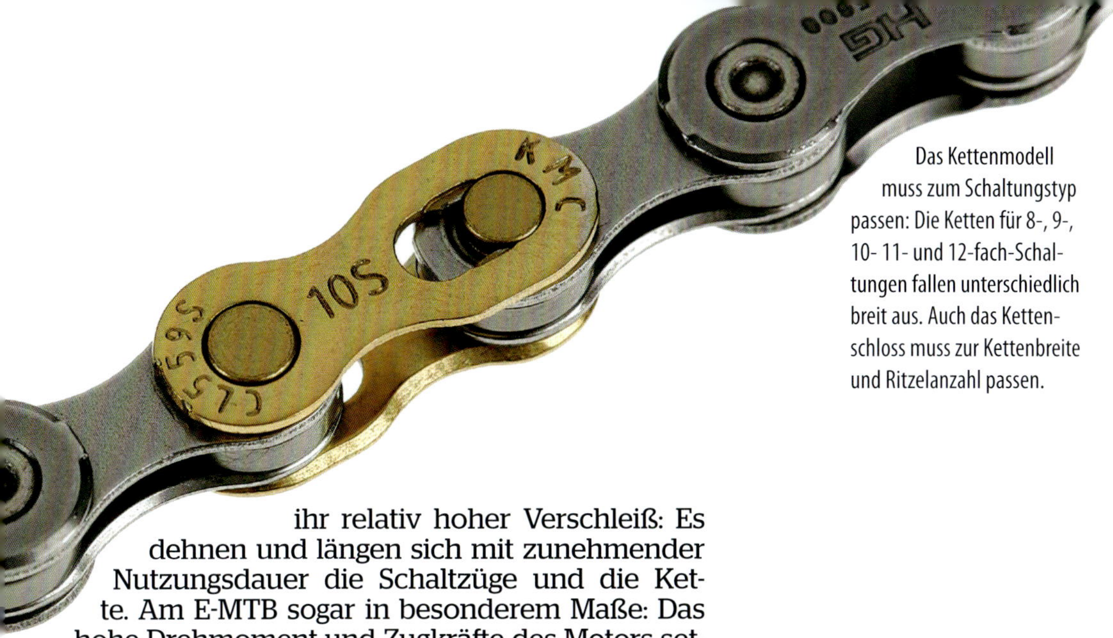

Das Kettenmodell muss zum Schaltungstyp passen: Die Ketten für 8-, 9-, 10- 11- und 12-fach-Schaltungen fallen unterschiedlich breit aus. Auch das Kettenschloss muss zur Kettenbreite und Ritzelanzahl passen.

ihr relativ hoher Verschleiß: Es dehnen und längen sich mit zunehmender Nutzungsdauer die Schaltzüge und die Kette. Am E-MTB sogar in besonderem Maße: Das hohe Drehmoment und Zugkräfte des Motors setzen der Kette, aber auch den Ritzeln, die sie antreibt, spürbar zu. Gelängte Kettenglieder reiben auch die Ritzelzähne aus. Deshalb müssen Züge, Kette und, etwa bei jedem dritten Kettenwechsel, auch die Ritzel am Hinterrad regelmäßig ersetzt werden. Wie oft ein Teileaustausch anfällt, hängt stark davon ab, wie und unter welchen Umständen die Schaltung genutzt wird. Eine gepflegte, gut gewartete Schaltung hält mit Sicherheit länger durch. Der Verschleiß lässt sich jedoch beobachten und sogar messen. Ein interessierter Biker ist also stets im Bilde, wann bei abgenutzter Kette und Ritzeln der Austausch wirklich nötig wird.

Jede Kettenschaltung muss man von Zeit zu Zeit nachjustieren: Schaltzüge dehnen und längen sich, die Schaltzug-Hüllen laufen innen ein, Schmutz gerät in die Zughüllen, Reibung nimmt zu. Damit verändern sich die Kraft- und Hebelverhältnisse am Schaltwerk immer minimal mit. Also rasselt plötzlich die Kette oder sie schaltet nicht mehr auf Anhieb auf das nächste Ritzel. Dann muss die Zugspannung nachgeregelt werden.

Aus Sicht eines engagierten Bikers, der gern selber schraubt, ist das Schönste an der Kettenschaltung, dass ihre Technik völlig offen liegt. So lässt sich immer genau beobachten, was sich tut, wenn man hier und dort ein wenig dreht, zieht oder drückt.

Das Schaltwerk transportiert die Kette knackig zwischen Ritzeln von 10 bis 50 Zähnen.

# Schaltwerk einstellen

Schaltzüge längen sich mit dem Gebrauch, die Zughülle läuft ein - spätestens, wenn die Kette am Ritzel rasselt, muss die Schaltung nachgestellt werden. Eine Kettenschaltung arbeitet ganz simpel: Der Schaltzug wirkt gegen eine Feder in Schaltwerk und Umwerfer. Also alles nur eine Frage der perfekten Spannung.

**1 Grundeinstellung**
Zur Neueinstellung des Schaltwerks schalten Sie die Kette aufs kleinste Ritzel und, falls Sie mehr als ein Kettenblatt haben, dort auf das größte. Jetzt hat die Feder das Schaltwerk nach außen gestellt, der ist Schaltzug völlig entspannt.

**2 Zug lösen**
Öffnen Sie die Klemmschraube am Schaltwerk und nehmen Sie den Schaltzug aus der Passung.

**3 Feineinsteller justieren**
Drehen Sie die Stellschraube des Zuganschlags am Schalthebel ganz hinein. Damit können Sie später die zunehmende Zuglängung kompensieren.

**4 Äußerer Schaltwerks-Anschlag**
Die obere Leitrolle im Käfig des Schaltwerks soll nun exakt senkrecht unter dem äußeren Ritzel stehen. Justieren Sie diese Stellung durch behutsames Drehen der oberen Anschlagsschraube H am Schaltwerk. Das geht am besten, wenn Sie das Schaltwerk mit der Hand etwas gegen seine Federkraft entlasten. Dann gräbt sich die Stellschraube nicht ins Aluminium der Anschlags-Nocke.

**5 Zug neu klemmen**
Ziehen Sie den Schaltzug handfest straff und klemmen Sie ihn erneut an der Schraube im Schaltwerk. Achten Sie auf korrekten Zugverlauf in seiner Nut.

**6 Inneren Anschlag justieren**
Schalten Sie dann auf das größte Ritzel (und kleinstes Kettenblatt, falls vorhanden). Justieren Sie die exakt senkrechte Kettenlinie zwischen Ritzel und Schaltrolle mit der unteren Schraube (L).

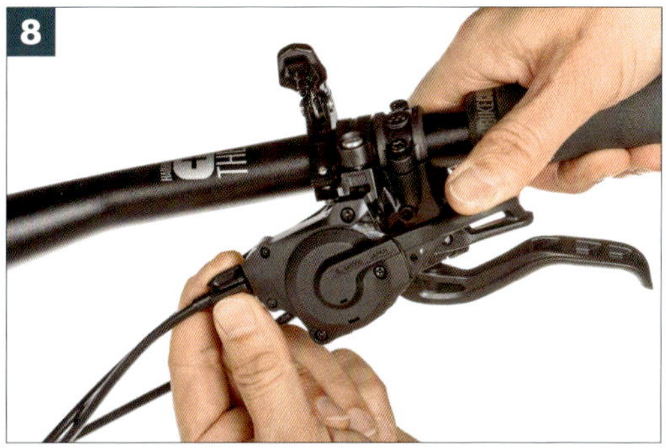


**7 Umschlingung einstellen**
Dann stellen Sie durch Drehen der „B-Schraube" die Neigung des Schaltwerks zum Rahmen ein. Zwischen kleinstem Ritzel und Schaltrolle sollen, von der Seite betrachtet, zwei volle Kettenglieder Abstand herrschen. So kommt die obere Schaltrolle an keinem Ritzel mit den Zähnen in Konflikt.

**8 Zugspannung justieren**
Abschließend optimieren Sie die Zugspannung am Feinsteller des Schalthebels. Drehen Sie die Anschlagschraube so weit heraus, bis Sie bei leichtestem Druck auf die Schalttaste die direkte, unmittelbare Bewegung des Schaltwerks feststellen. Schalten Sie mehrfach alle Gänge zur Probe durch.

**Stellschrauben-Variante**
Alle Kettenschaltungen funktionieren nach dem exakt gleichen Prinzip. Auch die von Mitbewerber SRAM. Man stellt sie auch genau so ein, wie hier am Beispiel Shimano beschrieben. SRAM-Schaltungen arbeiten generell nur mit einem Kettenblatt. Der Schaltzug verläuft im Schalthebel und am Schaltwerk ein wenig anders, die Stellschrauben für Umschlingung B (1), äußeren (2) und inneren (3) Anschlag am Schaltwerk liegen hier anders und werden mit einem Inbus-Schlüssel bewegt.

# Umwerfer einstellen

Die meisten E-MTBs verzichten auf Mehrfach-Kettenblätter am Tretlager. Einige Antriebshersteller wie Continental/ Brose oder Yamaha bieten jedoch die Option auf zwei bis sogar drei Kettenblätter. In diesem Fall müssen Sie auch den Umwerfer exakt einstellen können.

**1 Grundeinstellung**
Schalten Sie aufs kleinste Kettenblatt vorn, hinten auf das größte Ritzel: Seine Feder drückt den Umwerfer ganz nach innen, der Schaltzug ist entspannt. Lösen Sie dann den Schaltzug aus der Klemmschraube.

**2 Umwerfer-Position**
Justieren Sie die Umwerferhöhe am Rahmen so, dass zwischen Unterkante seines Leitblechs und den Zahnspitzen des größten Kettenblatts zwischen 1 und 3 Millimeter Luft bleiben.

**3 Inneren Anschlag justieren**
Die innere der beiden Stellschrauben (L) bestimmt, wie weit nach innen sich der Umwerferkäfig bewegen kann. Die Kette soll gerade eben schleiffrei an seinem inneren Leitblech entlanglaufen (Distanz 0,5-1 mm). Drehen Sie die Stellschraube so weit hinein (oder heraus), bis die Kette geräuschlos durch den Käfig läuft. Um das Material zu schonen, hilft es, den Umwerfer beim Dreh der Stellschraube mit der Hand zu führen.

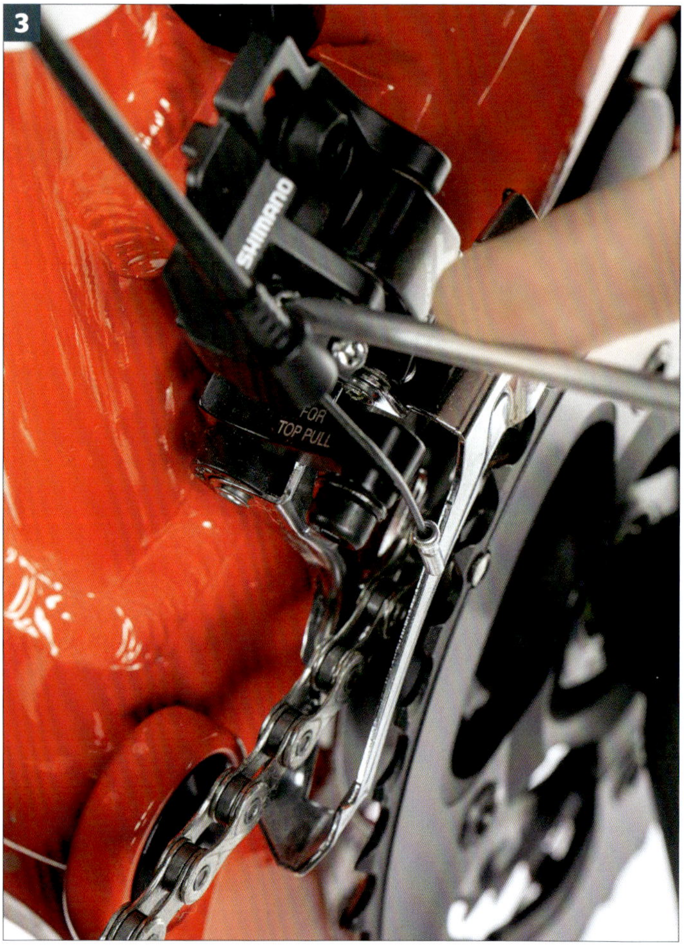

### 4 Zug neu klemmen

Ziehen Sie den Schaltzug handfest straff, legen Sie das Zugende in seine Nut unter der Klemmschraube und fixieren Sie die Klemmschraube.

### 5 Äußeren Anschlag einstellen

Wiederholen Sie nun die Anschlagsjustage an der äußeren H-Schraube: Sie begrenzt den äußeren Schwenkbereich des Umwerfers. Schalten Sie auf größtes Blatt und kleinstes Ritzel. Auch hier muss die Kette gerade eben geräusch- und berührungslos am äußeren Leitblech entlang verlaufen.

**High und Low**

Die Schwenkbereiche der Schaltwerke werden durch je zwei Stellschrauben exakt begrenzt: Shimano bezeichnet sie als H- und L-Schraube.
H meint „high", also schwerster Gang: Größtes Kettenblatt, kleinstes Ritzel.
L bedeutet „low", also leichtesten Gang und damit kleinstes Kettenblatt, aber größtes Ritzel.

# Kette tauschen

Der Gliederstrang wirkt unscheinbar, ist jedoch nah ans Optimum heran entwickelt. Da die Kette am E-MTB teils brachiale Vortriebskräfte überträgt, verschleißt sie hier besonders schnell. Deshalb ist Kettenwechseln eine Standard-Aufgabe für E-Biker. Ketten sind voller Fett und Schmutz: Tragen Sie zu Arbeiten dieser Art am besten Einmal-Handschuhe aus dem Drogeriemarkt.
Zuerst zeigen wir den Kettentausch an vernieteter Kette mit Ersatzniet.

Um die benötigte Kettenlänge zu ermitteln, legen Sie alte und neue Kette direkt nebeneinander.

1

2

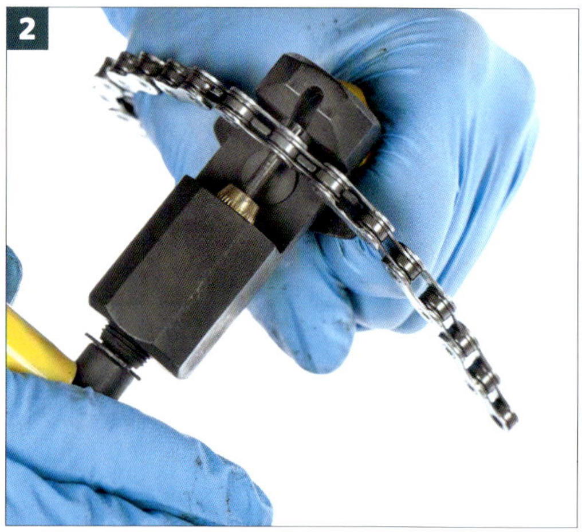

3

**1 Alte Kette entfernen**
Setzen Sie den Nietdrücker an einer beliebigen Stelle der alten Kette an, und entfernen Sie dort einen Nietstift. Ziehen Sie die alte Kette aus den Schaltwerken.

**2 Kette ablängen**
Ermitteln Sie die benötigte Kettenlänge nach Maß der alten Kette. Trennen Sie das überflüssige Stück ab. Achtung: Das Endglied muss jeweils zum Anfangs-Glied passen!

**3 Laufrichtung beachten**
Bei Shimanos Zehnfach-Ketten und höher muss die Beschriftung stets nach außen zum Betrachter zeigen.

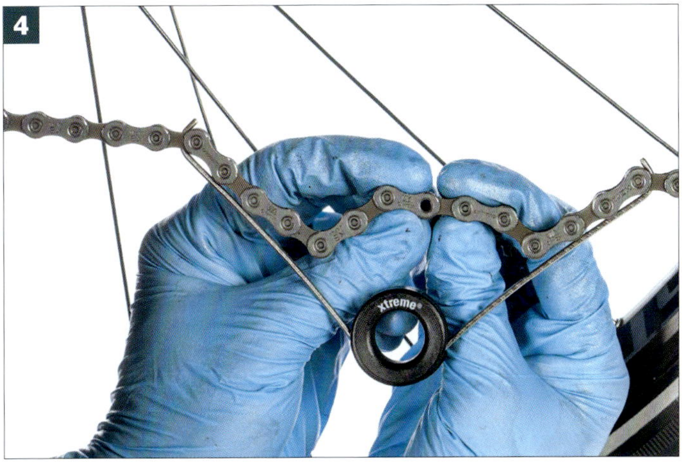

**4 Anschluss herstellen**
Fädeln Sie die neue Kette durch Schaltwerke und um Kettenblatt, Ritzel und eventuelle Kettenführungen. Kurbeln Sie die offenen Enden ins untere Kettentrum. Mit einer Drahtspange verbunden, ist spannungsfreies Arbeiten möglich. An der Fügestelle müssen ein Außen- und ein Innenglied zusammentreffen.

**5 Niet einsetzen**
Schieben Sie den angefasten Führungsstift eines Shimano-Niets durch beide Endglieder an der Fügestelle.

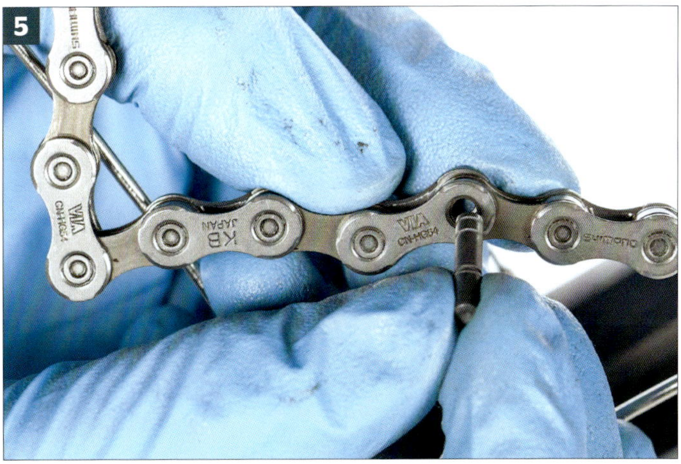

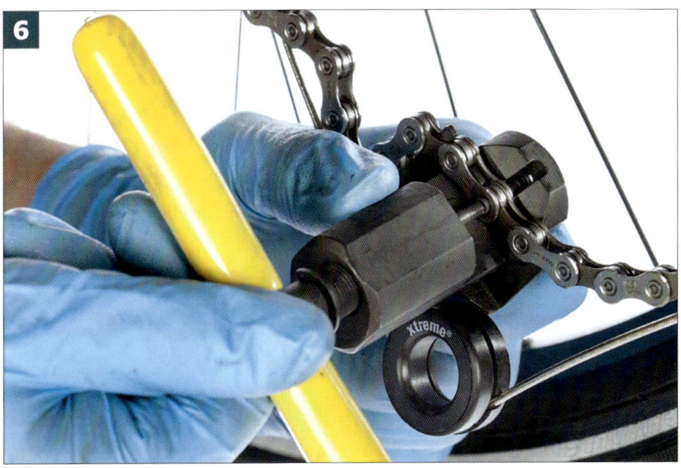

**6 Niet eindrücken**
Setzen Sie den zurückgestellten Dorn des Nietdrückers auf die Aussparung im Nietstift. Drücken Sie dann den Niet durch Drehen der Spindel in die Kette. Arbeiten Sie behutsam, um nicht zu verkanten. Der Führungsstift ragt nach der anderen Seite heraus. Die Verdickung am eigentlichen Niet erzeugt einen deutlich fühlbaren Knack beim Erreichen der korrekten Position.

Nietstifte sind in unterschiedlichen Längen für 8- bis 11-fach-Ketten erhältlich.

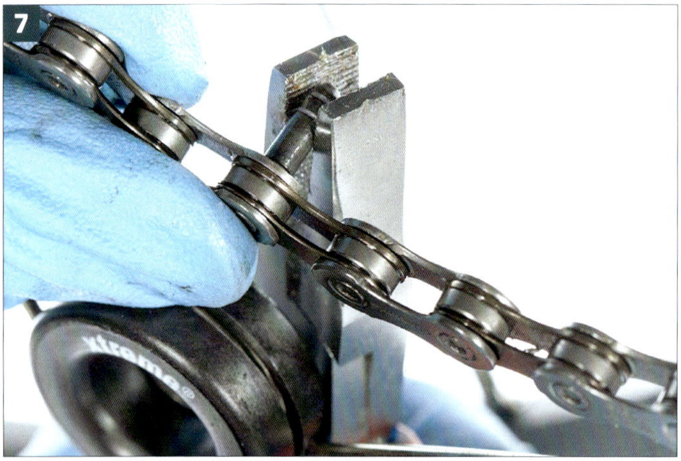

**7 Führungsstift abbrechen**
Prüfen Sie mit dem Daumen, ob der Nietkopf exakt gleich in der Lasche sitzt wie seine Nachbarn. Sitzt er perfekt, brechen Sie den Überstand auf der Ketten-Innenseite mit einer Zange ab.

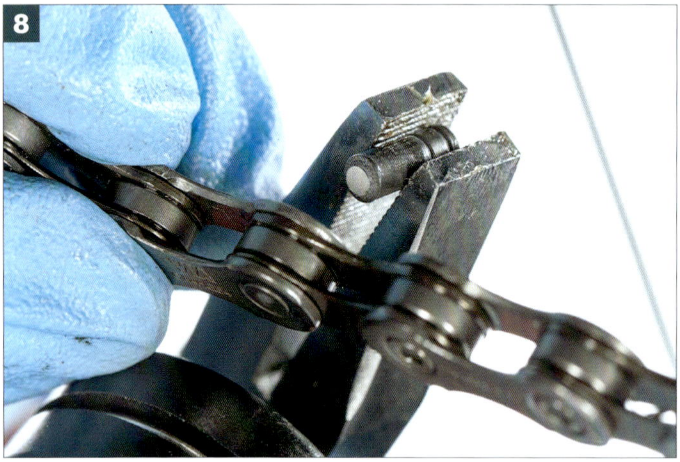

**8 Sollbruchstelle**
Der Stift hat eine tief eingeschnittene Sollbruchstelle und lässt sich mit wenig Kraft vom eigentlichen Niet abbrechen. Kontrollieren Sie, ob er danach auf beiden Seiten der Kette denselben Überstand hat.

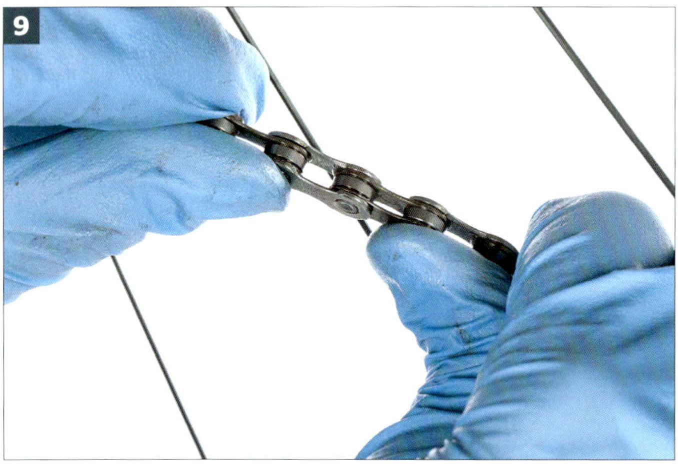

**9 Glieder mobilisieren**
Prüfen Sie an der Fügestelle, ob alle beteiligten Kettenglieder leicht und widerstandfrei beweglich sind. Ist dies nicht der Fall, erreichen Sie die volle Beweglichkeit durch behutsames, seitliches Hin- und Herbiegen der Kette. Auch ein Tropfen Kettenöl kann dabei behilflich sein.

# Kettenverschleiß messen

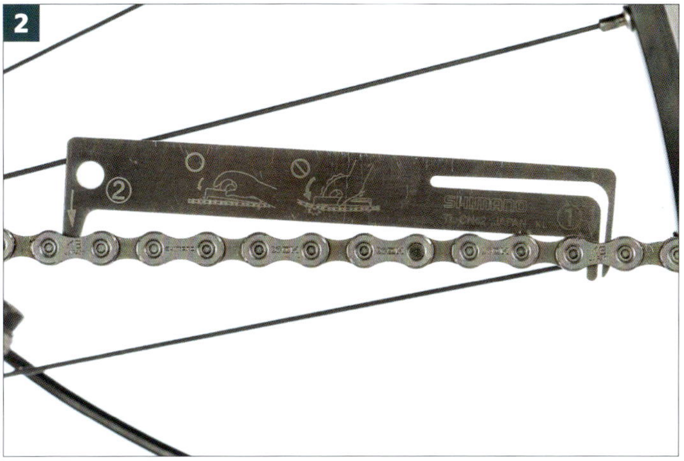

**1 Schnell-Check**
An einem regulären Kettenblatt kann man eine verschlissene, gelängte Kette leicht erkennen: Lässt sich die Kette, über mehrere Zähne im Eingriff, weiter als etwa 3 mm abheben, sollte sie gewechselt werden. Denn gelängte Glieder nagen permanent auch die Zahnzwischenräume der Zahnräder aus.

**2 Mess-Lehre**
Es gibt Messwerkzeuge, die die Kettenlängung über ein kritisches Maß hinaus zuverlässig anzeigen. Die Lehre von Shimano überspannt 11 Kettenglieder und fällt bei zunehmender Längung schließlich zwischen die Glieder. Ab dann werden durch zu lange Kettenglieder auch Ritzel und Kettenblatt geschädigt.

# Kettenklemmer

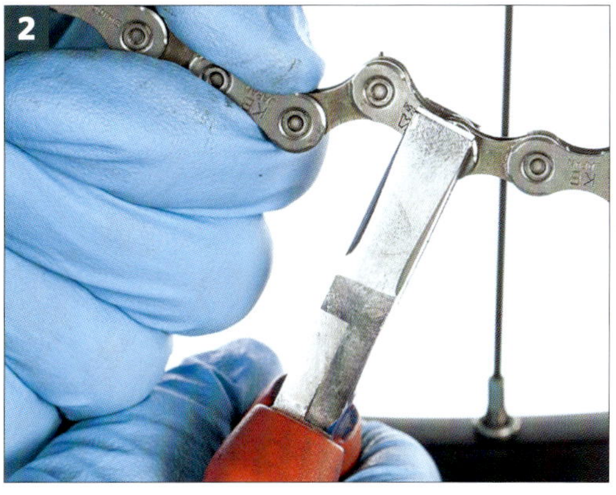

**1 Klemmstelle lokalisieren**
Blockierte Kettenglieder hört man beim Kurbeln. Am einfachsten finden Sie die Stelle, wenn Sie die Kette am aufgebockten Bike langsam kurbeln. Am engen Radius der Schaltröllchen wird die Blockadestelle deutlich sichtbar.

**2 Blockade gängig machen**
Machen Sie verkantete oder minimal verbogene Kettenglieder durch gefühlvolles, seitliches Hin- und Herbiegen, von Hand oder mit der Zange, wieder gängig. Geben Sie zudem einen Tropfen Öl auf die Klemmstelle.

# Kettenschloss

Mit einem Kettenschloss passender Breite lässt sich jede Kette verschließen. Die Marke spielt dabei keine Rolle. Ketten für 8-, 9-, 10-, 11- oder 12-fach-Schaltungen sind jedoch unterschiedlich breit. Deshalb muss das Schloss zur Schaltung passen. Einige Kettenschlösser dürfen zwar, sollten jedoch aus Sicherheitsgründen nicht mehrfach verwendet werden.

**1 Schloss öffnen**
Ein Kettenschloss öffnet sich durch Zusammendrücken der beteiligten Bolzen. Die Rasterung im Schloss löst sich dann mit einem Klick. Das geht am besten mit einer Spezialzange, die sowohl auf- als auch zusammendrücken kann. Kurbeln Sie die Kette dazu ins untere Kettentrum.

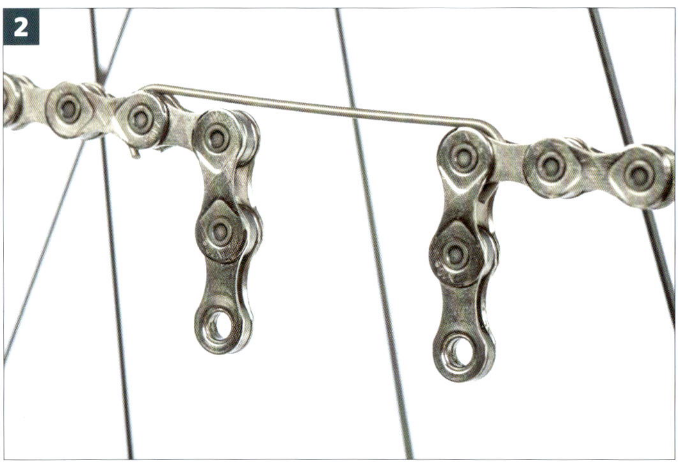


**2 Drahtspange**
Halten Sie die losen Enden mit einer gebogenen Speiche oder einer speziellen Kettenspange zusammen, um spannungslos arbeiten zu können.
Die Kette für ein Schloss muss auf zwei Innenlaschen enden.

Das Kettenschloss besteht aus zwei Hälften, die unter Zug jeweils gegenüber einrasten. Es ersetzt eine reguläre Außenlasche.

**3 Schloss einsetzen**
Setzen Sie die Nietstifte jeder Schlosshälfte in die Rolle der Innenlaschen, auf die die Kette endet. Fügen Sie beide Hälften so zusammen, dass die Nut der Bolzen jeweils exakt in die Aussparung der gegenüberliegenden Verschlusslasche greift.

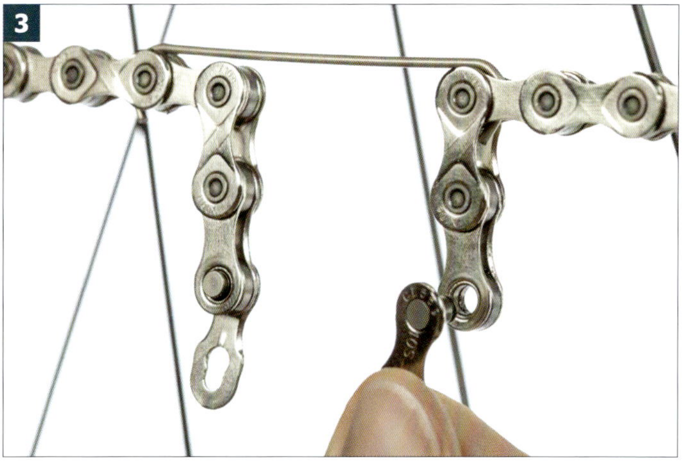

**4 Schloss verriegeln**
Setzen Sie dann die Verschlusszange in die ersten Zwischenräume außerhalb des Schloss-Glieds. Dadurch können Sie das Schloss mit der Zange auseinanderziehen. Die Rastsicherung muss ruckartig und hörbar einrasten.
Ohne Zange: Kurbeln Sie die Fügestelle ins obere Kettentrum. Blockieren Sie die hintere Bremse und treten Sie kräftig aufs Pedal. Der Kettenzug verriegelt die Rasterung ebenfalls zuverlässig.

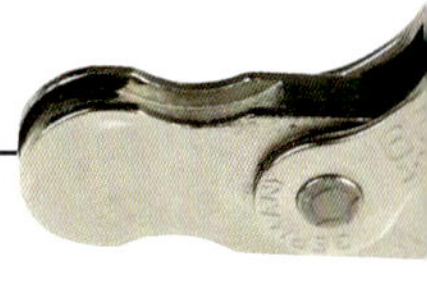

# Ritzelverschleiß messen

**1 Rohloff HG IG-Check**
Der Verschleiß fällt am Ritzel sehr unterschiedlich aus. Meist nutzt man einzelne Ritzel intensiver als andere. Verschlissene Ritzel bemerkt man, wenn die Kette beim Schalten springt und rasselt. Das Ritzelpaket ist immer nur als Ganzes austauschbar. Als Messinstrument hat sich der Rohloff HG-IG-Check bewährt. Den setzt man auf Ritzel zwischen 12 und 21 Zähne, das letzte Glied der Messkette wird durch Anwinkeln hochgestellt.

**2 Messkette unter Zug**
Jetzt drückt man den Hebel kräftig (mehr als 10 Kilo) in Fahrtrichtung. Die Messkette gerät unter Spannung. Nun klappt man das Endglied aufs Ritzel. Fällt es ohne Widerstand zwischen die Zähne, ist das Ritzel noch in Ordnung. Steht das Endglied am Zahnprofil an oder lässt sich nur mit Druck in die Lücke setzen, ist das Ritzel verschlissen. Das Ritzelpaket sollte dann beim nächsten Kettentausch ersetzt werden. Über stark ausgeriebene Zwischenräume läuft eine neue Kette nicht korrekt.

# Kassette tauschen

**1 Verschraubung lösen**
Entfernen Sie zuerst den Schnellspanner aus der Achse. Setzen Sie die gezahnte Nuss Shimano TL-LR15 in die Ausspa-rungen der Verschlussschraube. Die Drehrichtung läuft mit dem Freilauf. Deshalb müssen Sie die Kassette zum Öffnen mit einer Kettenpeitsche gegenhalten. Legen Sie die Zugkette der Peitsche so auf, dass möglichst viele Zähne eingreifen und Sie dennoch gut mit dem Hebel arbeiten können. Die Hände drehen immer voneinander weg! Mit beherztem Druck drehen Sie nun beide Werkzeuge auseinander.

Von Nabenschalt-Entwickler Bernd Rohloff stammt der HG-IG-Check. Die Lehre misst als einzige exakt den Verschleiß von Kettenschalt-Kassetten.

**2 Shimano Centerlock-Nuss**
Auch die Ritzelkassetten von SRAM sind mit der Shimano-Nuss zu öffnen. Das Centerlock-System kommt auch an Bremsscheiben zum Einsatz. Es hat sich in der gesamten Bikebranche zum Standard entwickelt.

**3 Schraube abnehmen**
Die Unterseite der flachen Verschlussmutter und die Außenfläche des ersten Ritzels sind gezahnt: Beim Auf- und Zuschrauben ruckelt es am Ende des Gewindes deutlich.

**4 Ritzel abnehmen**
Die Ritzelpakete verschiedener Serien, erst recht aber verschiedener Hersteller, sind unterschiedlich aufgebaut. Meist werden die kleinsten Ritzel einzeln aufgesteckt, teilweise mit Distanzringen dazwischen. Die restlichen Ritzel sind vernietet oder sogar aus einem Stück gefräst. Legen Sie beim Ausbau alle Teile strikt ihrer Reihenfolge nach ab.

**5 Freilauf-Passung beachten**
Die Ritzel sind auch innen verzahnt. Sie passen nur in einer einzigen, genau definierten Position auf den Freilauf.

Die Zähnezahlen einzelner Kassetten können sich stark unterscheiden. Als kleinstes Ritzel sind derzeit 10 Zähne möglich. Bei 11- oder 12-fach-Kassetten, wie am E-MTB üblich, kann das größte Ritzel sogar bis zu 50 Zähne haben. Die Sprünge zwischen den einzelnen Gängen fallen damit jedoch deutlich gröber aus.

**6 Freilauf reinigen**
Wischen Sie Schmutz- und Fettrückstände aus der gefrästen Passung des Freilaufs. Achten Sie darauf, dass auch der Spalt zur Nabe und ihren Dichtungen gereinigt wird.

**7 Passung fetten**
Eine dünne Fettschicht verhindert das Festkorrodieren des Ritzelpakets und unterdrückt eventuelle Knackgeräusche durch Mikrobewegungen der Kassette auf dem Freilauf.

**8 Ritzelpaket aufsetzen**
Stecken Sie nun die Kassetten-Bestandteile nacheinander wieder auf den Freilauf. Die asymmetrische Innenverzahnung erlaubt nur eine korrekte Position. Die Beschriftung aller Ritzel muss nach außen zeigen. Setzen Sie die Verschlussmutter mit leicht gefettetem Gewinde wieder ein. Anfängliches Rückwärtsdrehen erleichtert den Einstieg in das flache Gewinde.

**9 Kassette festziehen**
Mit der Centerlock-Nuss verschließen Sie die Verschraubung endgültig. Zum Schließen drehen Sie nun gegen den Freilauf. Aufgrund der Flächenverzahnung rattert die Schraube am Ende des Gewindes etwas. Wird dies spürbar, sitzt die Schraube fest.

**Steighilfen**
Im Ritzelpaket haben die Hersteller Steighilfen für die Kette eingearbeitet. Sie sind als „Gasse“ erkennbar. Auch die Zahnprofile sind unterschiedlich geformt. Selbst an der Kette finden sich asymmetrisch geformte Laschen. Shimano-Ketten sind zudem laufrichtungsgebunden. Diese Feinarbeiten lassen die Kette geschmeidig und schnell klettern. Schon nach einer viertel Umdrehung findet der Kraftschluss statt. Gerade am MTB sind schnelle, präzise Gangwechsel entscheidend. Deshalb werden die Kassetten mit definierter Stellung der Ritzel zueinander als Ganzes konzipiert und sind nur komplett austauschbar.

# Schaltzug tauschen

Obwohl sie kaum wahrgenommen werden, haben die Schaltzüge einen harten Job: In vieltausendfachem Hin und Her übertragen sie die Schaltbefehle der Shifter Klick für Klick und auf zehntel Millimeter genau ans Schaltwerk. Feuchtigkeit, Abrieb, Schmutzablagerungen und zudem das Alter machen den Zügen das Leben schwer. Deshalb muss ab und zu ein Austausch sein.

**1 Altzug abschneiden**
Schalten Sie die Kette aufs kleinste Ritzel. Lösen Sie den alten Schaltzug aus der Klemmschraube am Schaltwerk. Schneiden Sie das Ende mit der Zugkappe ab.

**2 Zugzugang am Schalthebel**
Unterhalb der Lenkerschelle befindet sich bei Shimano-Schaltern eine Kreuzschlitzschraube. Mit nur einer viertel Umdrehung lösen Sie die Kunststoffschraube aus ihrem Kurzgewinde.

**3 Züge tauschen**
In der Öffnung liegt der Zugnippel in seiner Passung. Ziehen Sie den Zug aus dem Rahmen und schieben Sie ihn aus dem Schalthebel. Schieben Sie den neuen Zug mit seinem verlötetem Anfang in Schalthebel und Hülle durch bis sein Nippel im Schalthebel sitzt.

**5 Neuen Zug einziehen**
Führen Sie den Zug in seine Nut am Schaltwerk, straffen Sie ihn handfest. Fixieren Sie ihn an der Klemmschraube.

**6 Zugendkappe aufquetschen**
Schneiden Sie den Zug etwa 3 cm hinter der Klemmschraube. Quetschen Sie gegen Aufspleißen eine Zugendkappe auf.

# Schaltzughülle tauschen

**Zum Schutz verlaufen Schaltzüge in Hüllen. Darin produzieren die gleitenden Schaltzüge Abrieb. Feuchtigkeit, Schmutz und Rost erhöhen die Reibung. Alle ein oder zwei Jahre ist deshalb auch ein Austausch der Zughüllen sinnvoll.**

**1 Innenverlegte Zughüllen**
Für eine aufgeräumte Optik, aber auch zum Schutz der Zugverlegung verlaufen die Schaltzüge heute meist im Rahmeninneren. Das macht den Austausch der steifen Zughüllen nicht gerade einfacher. Meist sind Zugführungen aus Gummi oder Kunststoff an den Rahmenöffnungen angebracht. Sie verhindern Klappern und das Eindringen von Wasser und Schmutz in den Rahmen. Nehmen Sie diese Führungen an allen Öffnungen als erstes ab.

**2 Alte Hüllen abziehen**
Ziehen Sie die alte Zughülle nach hinten vom Schaltzug. Lassen Sie jedoch den (alten) Schaltzug selbst vorerst noch in Schalthebel und Rahmen stecken.

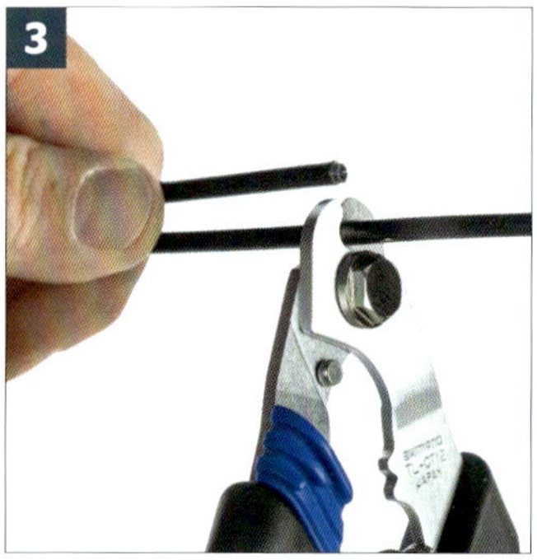

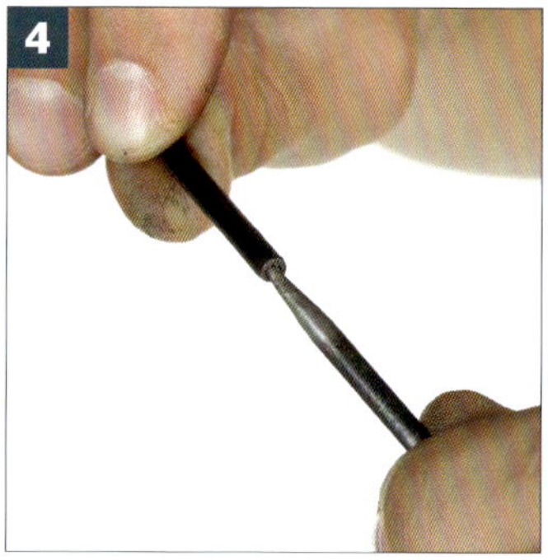

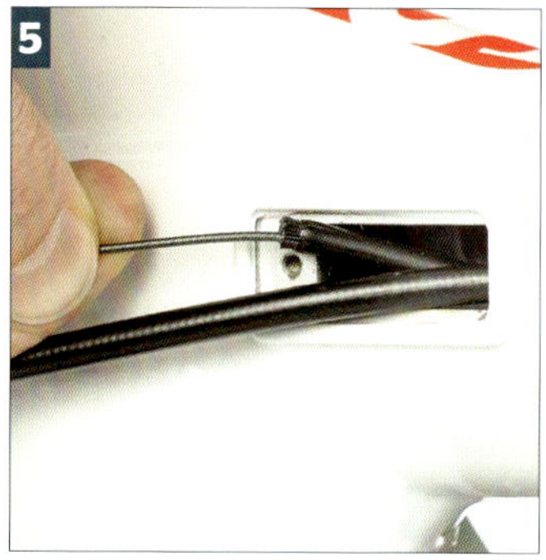

**3 Neue Zughülle ablängen**
Längen Sie die neue Zughülle genau nach der Länge der alten Hülle ab.

**4 Liner aufstechen**
Falls durch den Schnitt die innere Kunststoffführung gequetscht wurde, stechen Sie den Anschnitt mit einer Ahle oder einem spitzen Nagel so weit auf, dass Sie den Schaltzug einführen können.

**5 Neue Hülle aufschieben**
Schieben Sie nun die neue Zughülle vorsichtig von hinten über den alten Schaltzug, der sich noch im Rahmen befindet. An den Zugöffnungen im Rahmen können Sie der starren Hülle mit den Fingern und durch geschicktes Führen des Zugs aus dem Rohr helfen.

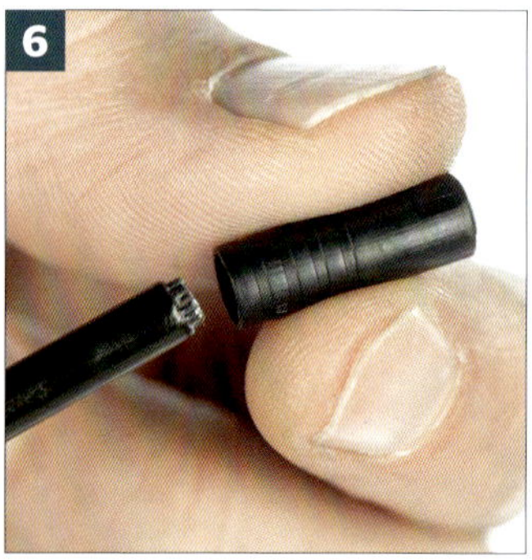

**6 Endkappen aufsetzen**
Setzen Sie hinten am Schaltwerk eine neue Endkappe auf die Zughülle. Vorn geht das erst nach dem Entfernen des alten Schaltzugs aus dem Schalthebel.

**7 Alten Zug entfernen**
Jetzt, da die neue Zughülle an ihrem Platz liegt, können Sie den alten Zug aus Hülle und Schalthebel ziehen.

**8 Stellschraube zurückdrehen**
Drehen Sie nun die Stellschraube zur Zuglängenregulierung am Schalthebel bis auf wenige Umdrehungen zurück ans Gehäuse. Hier benötigen Sie später genügend Stellweite, um die Zugspannung zu optimieren und weiterhin nachjustieren zu können.

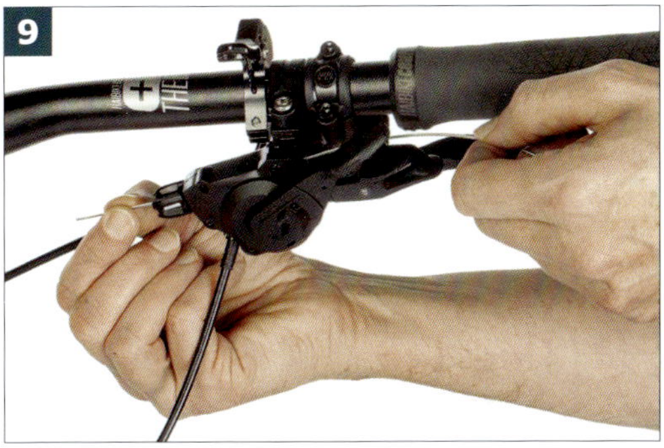


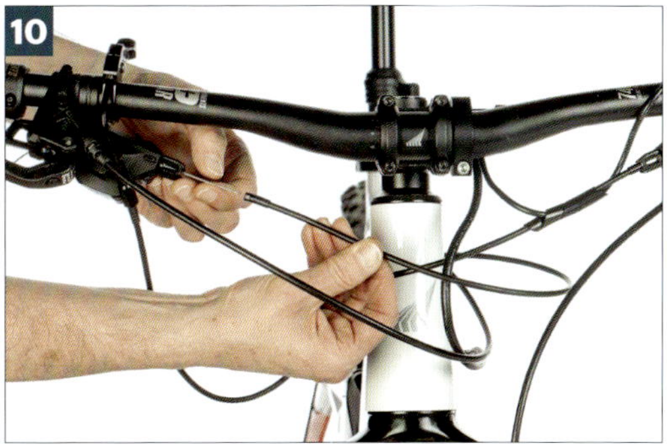

**9 Neuen Zug einziehen**
Schieben Sie nun einen neuen Schaltzug durch Shifter, Endkappe und Zughülle.

**10 Konfliktfrei verlegen**
Achten Sie beim Einfädeln des Schaltzugs darauf, dass er am Lenker nicht mit Bremsleitungen oder Elektrokabeln in Konflikt gerät. Der Schaltzug soll in seiner Hülle in kürzestmöglichem, freiem Bogen und absolut knickfrei zum Rahmenrohr verlaufen. Der Lenker muss sich noch voll einschlagen lassen

**11 Am Schaltwerk klemmen**
Ziehen Sie den neuen Zug am Schaltwerk straff. Fixieren Sie ihn in seiner Führungsnut unter der Klemmschraube.

**12 Überstand abschneiden**
Kürzen Sie den Schaltzug etwa 3 cm hinter der Klemmschraube.

**13 Zugendkappe aufquetschen**
Stülpen Sie eine Zugendkappe auf das Zugende und quetschen Sie sie fest. Ohne Kappe spleißt das Zugende hässlich auf.

7

# Bremsen

Auf dem Prüfstand glüht die Disc. Doch auch im Normalbetrieb können auf langen Abfahrten Temperaturen bis zu 400 Grad Celsius an der Scheibenbremse auftreten. Beläge und Scheiben sollten deshalb immer in Top-Zustand sein.

# Nächster Halt: Scheibenbremse

**Scheibenbremsen haben sich am Fahrrad endgültig durchgesetzt. Die kräftigen Disc-Stopper sind Standard – glücklicherweise! Ihre Vorteile sind gerade am E-MTB absolut überzeugend.**

Ein Finger genügt: Hydraulikbremsen entwickeln hohe Bremskräfte. Die Stellung der Bremshebel sollte aber passend zur Handgröße eingerichtet werden.

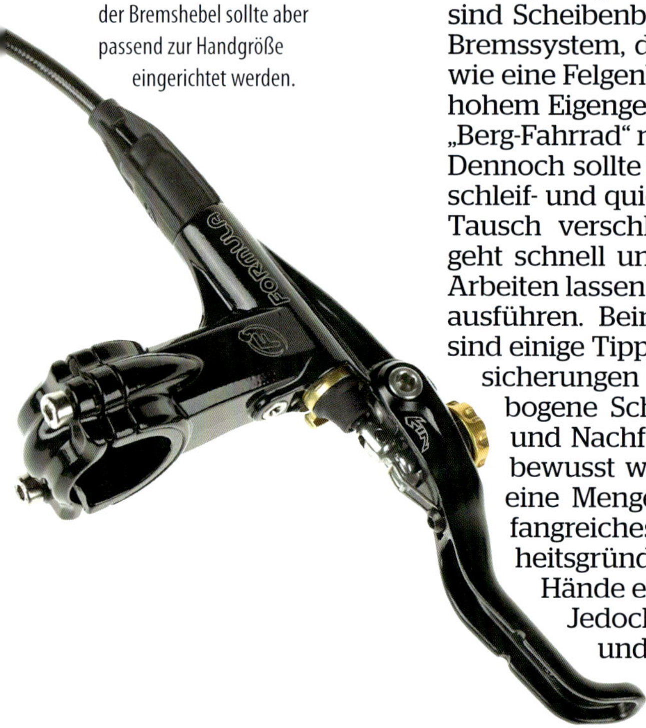


Discbrakes besitzen brachiale Bremskraft. Intelligent umgesetzte Bremsentechnik sorgt jedoch dafür, dass die Bremskraft fein und mit nur wenig Handkraft sensibel modulierbar bleibt. Selbst bei Nässe und sogar im Schnee liefern Scheibenbremsen jederzeit hohe Verzögerungswerte Auch in Sachen Zuverlässigkeit sind Scheibenbremsen nicht zu schlagen. Sie ist ein Bremssystem, das keine tragenden Teile verschleißt, wie eine Felgenbremse. Das ist am E-MTB mit seinem hohem Eigengewicht und erst recht beim Einsatz als „Berg-Fahrrad" nicht unwichtig.

Dennoch sollte man als Biker jederzeit seine Bremse schleif- und quietschfrei einstellen können. Auch der Tausch verschlissener Beläge und Bremsscheiben geht schnell und billiger als in der Werkstatt. Diese Arbeiten lassen sich mit etwas Erfahrung leicht selbst ausführen. Beim Umgang mit Discbrakes am Bike sind einige Tipps hilfreich, etwa, dass man Transportsicherungen verwendet oder wie man eine verbogene Scheibe richtet. Das Thema Austausch und Nachfüllen der Bremsflüssigkeit haben wir bewusst weggelassen. Diese Arbeiten erfordern eine Menge Erfahrung, Spezialwissen und umfangreiches Werkzeug-Arsenal. Auch aus Sicherheitsgründen gehören solche Arbeiten in die Hände eines Fachmanns.

Jedoch gilt für jede Arbeit an der Bremse und an sämtlichen sicherheitsrelevanten Teilen am Bike: Machen Sie sich immer bewusst, dass Fehler beim Schrauben zu schwere Schäden an

**Scheibenbremse einfahren: „30 x 30"**

Neue Bremsscheiben und -beläge müssen immer eingefahren werden. Dabei entsteht Reibungshitze, die die Oberflächen der Reibepartner aufeinander abstimmt und angleicht. Nur so entfaltet eine Bremse ihre volle Bremskraft und Sicherheit. Suchen Sie sich eine verkehrsfreie Fläche mit ausreichend Platz (z. B. Supermarkt-Parkplatz am Wochenende) oder eine lange Gefällestrecke.

Beschleunigen Sie nacheinander insgesamt 30 mal auf rund 30 km/h und bremsen Sie aus dieser Geschwindigkeit jeweils bis kurz vor Stillstand ab. Lassen Sie die Bremse danach wieder abkühlen.

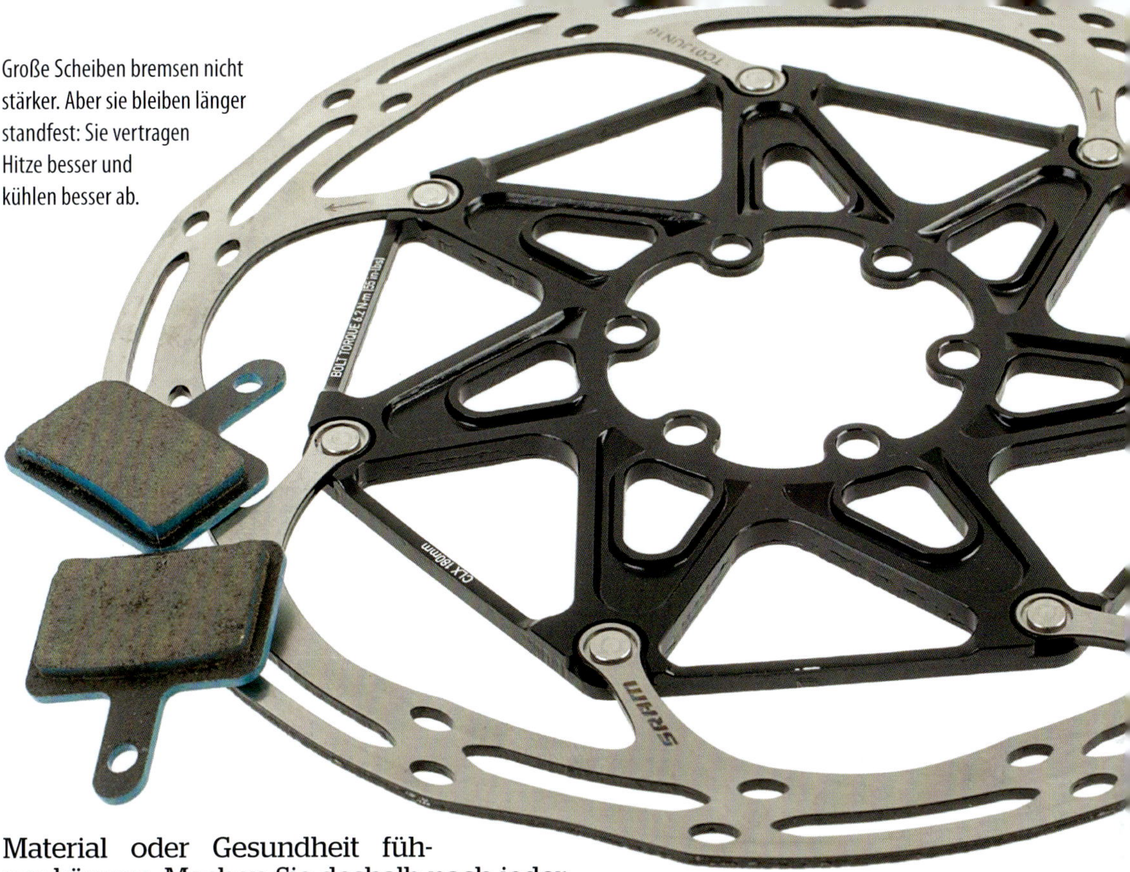


Große Scheiben bremsen nicht stärker. Aber sie bleiben länger standfest: Sie vertragen Hitze besser und kühlen besser ab.

Material oder Gesundheit führen können. Machen Sie deshalb nach jeder Arbeit am Bike eine Probefahrt, um die Funktion aller Teile sicherzustellen.

Vorsicht gilt auch immer auf sehr langen oder sehr steilen Gefällestrecken: Hier sollte man nie länger als ein paar Sekunden am Bremshebel ziehen. Gefühlvolles Intervall-Bremsen ist hier die einzige Alternative. Denn beim Schleifbremsen entstehen durch starker Belag-Reibung ungesund hohe Temperaturen von rund 400 °C am Bremssattel. Das gilt vor allem am Vorderrad, wo bei starkem Gefälle über 70 Prozent der gesamten Bremsleistung auflaufen.

Überhitzt eine Hydraulik-Bremse, kann das zu totalem Funktionsausfall führen. Bei überhitzter Bremsflüssigkeit gerät der Wasseranteil ins Kochen und wird zu Dampf. Luftblasen in der Flüssigkeitssäule lassen den Bremsdruck einbrechen. Man merkt das daran, dass sich der Bremshebel zunehmend weiter zum Lenker durchziehen lässt und die Bremsleistung trotzdem weiter abnimmt. Dann gilt: So schnell wie möglich mit der hinteren Bremse stoppen und pausieren. Lassen Sie Ihre Bremse in solchen Fällen gründlich abkühlen. Spritzen Sie bitte niemals zur Kühlung Wasser auf die Discs! Dadurch könnten sich die Scheiben dauerhaft verziehen. Ist die akute Hitzewallung abgeklungen, ist die Bremse wieder voll einsatzfähig und man kann seine Abfahrt in der Regel wieder ganz normal fortsetzen.

**DOT vs. Mineralöl**

Für Scheibenbremsen werden am Bike zwei verschiedene Bremsflüssigkeiten eingesetzt: Shimano und Magura (und andere) verwenden Mineralöl. Das ist ungiftig, einfach im Umgang, altert nicht, neigt aber zum Fading.

SRAM und Hayes beispielsweise setzen auf DOT-Bremsflüssigkeit. Die verträgt höhere Temperaturen, muss jedoch einmal jährlich gewechselt werden. DOT kann Lacke angreifen und ist giftig. Beide Bremsmedien dürfen nicht miteinander vermischt und nicht gegeneinander ausgetauscht werden.

# Bremse einstellen

Scheibenbremsen haben sich am Bike durchgesetzt. Die Hydrauliksysteme arbeiten zuverlässig und liefern höchste Verzögerungswerte bei nur geringer Handkraft und sind sensibel bedienbar. Doch nur, wenn die Bremsanlage sauber eingestellt und regelmäßig gewartet wird, arbeitet sie perfekt. Wir zeigen die nötigen Arbeiten und kleinen Tricks für eine packende Disc-Performance.

**1 Bremssattel lockern**
Zum Einstellen der Bremse hängen Sie das Bike in den Montageständer. Lockern Sie die Halteschrauben des Bremssattels so weit, dass er gerade so frei verschiebbar wird.

**2 Bremse zentrieren**
Ziehen Sie nun mit einer Hand mehrfach nacheinander den Bremshebel und halten Sie die Bremse dann blockiert. Sie können den Hebel auch mit einem Gummiband fixieren. Die Bremsbeläge nehmen dabei die Scheibe in ihre Mitte und zentrieren dadurch den losen Bremssattel. Ziehen Sie die Halteschrauben bei gezogenem Bremshebel gut handfest.

**3 Hebelweite anpassen**
Stellen Sie abschließend die Hebelweite so ein, dass der Hebelknick genau unter dem ersten Glied des Zeigefingers steht.

**4 Lichtspalt peilen**
Lösen Sie die Bremse und betätigen Sie sie einige Male kräftig, um die Kolben gleichmäßig zurückzustellen. Beim Blick durch den Bremssattel sollen beide Beläge gleich weit von der Disc entfernt stehen. Ziehen Sie nun die Schrauben endgültig fest.

Manchmal lässt sich der Bremssattel nicht perfekt ausrichten, weil die Schrauben beim Festziehen rupfen oder den Bremssattel schräg ziehen. In diesem Fall demontieren Sie die Bremse von Gabel oder Rahmen. Reinigen Sie alle Kontaktflächen an Bremsaufnahme, Adapter und Bremssattel penibel mit Stahlwolle und Alkohol. Dann widmen Sie sich den Schrauben.

**5 Haltebedingungen**
Die Schrauben sind großzügig dimensioniert und ab Werk mit Schraubenkleber bestrichen. Ein Paar konvex-konkave Beilagscheiben gleicht leichte Unebenheiten der Befestigungsflächen aus. Die Beilagscheibe unter dem Schraubenkopf verteilt den Gewindedruck gleichmäßig.

**6 Positionsgenau ablegen**
Drehen Sie beide Schrauben heraus und legen Sie ihre Scheiben der Reihenfolge nach auf einem Stück Papier ab.

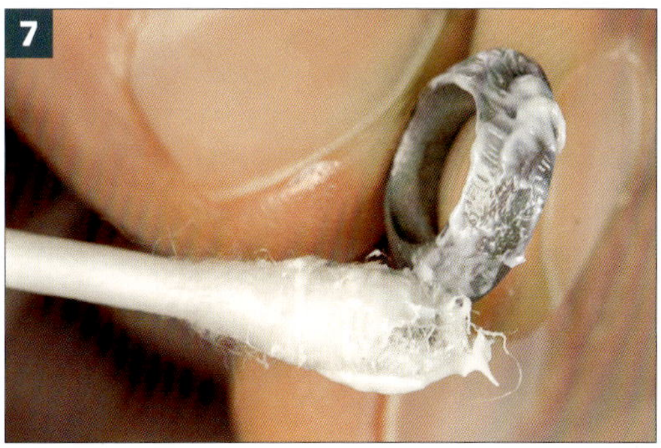

**7 Beilagen fetten**
Reinigen Sie die Beilagscheiben mit etwas Isopropyl-Alkohol. Geben Sie mit einem Wattestäbchen dünn Fett auf die konvexe und die konkave Passung der dreidimensional geformten Beilagscheiben. Achtung: Das Fett darf nicht auf das Gewinde gelangen. Sonst gerät der sichere Halt der Bremse in Gefahr!

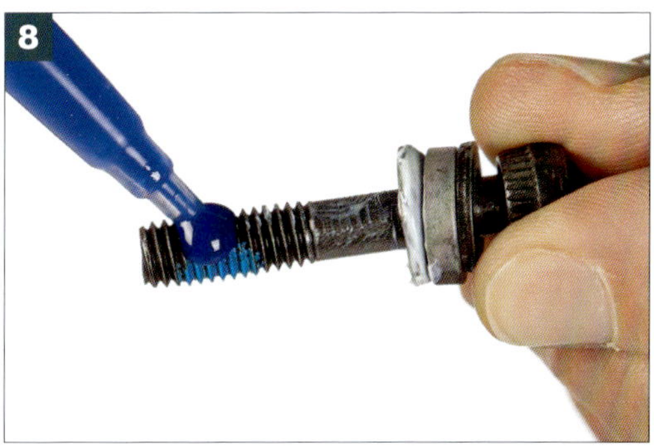

**8 Schraubenkleber**
Schieben Sie alle Beilagen in der richtigen Reihenfolge aufs Gewinde. Die gewölbte Scheibe muss den Abschluss zur Bremszange bilden. Geben Sie einen tropfen blauen Schraubenkleber (mittelfest) auf das Gewinde. Drehen Sie die Schrauben dann wieder ein. Richten Sie den Bremssattel aus wie in den Schritten 2 und 3.

# Bremsbeläge tauschen

Sind die Beläge verbraucht, müssen sie getauscht werden. Sie sollen nicht auch noch die Disc zerfurchen. Diese Routinearbeit kann man leicht selbst erledigen. Meist sind die vorderen Beläge deutlich früher verschlissen: Rund 70% der Bremsleistung tritt am Vorderrad auf.

**1 Belagsicherung entfernen**
Bremsbeläge sind gegen Herausfallen gesichert. Oft ist die Sicherungsschraube nochmals mit einem Klemmring oder Splint gesichert. Entfernen Sie diese Sicherung zuerst.

**2 Sicherungsschraube entfernen**
Drehen Sie die Sicherungsschraube aus der Bremszange.

**3 Beläge entnehmen**
Ziehen Sie beide Beläge als Paket aus der Bremszange. Magura-Beläge werden z. B. nur magnetisch am Platz gehalten.

**4 Belagdicke messen**
Wann die Belagdicke als verschlissen gilt, ist unterschiedlich. Checken Sie das Manual oder die Hersteller-Website. Schräg abgefahrene Beläge müssen auf jeden Fall getauscht werden.

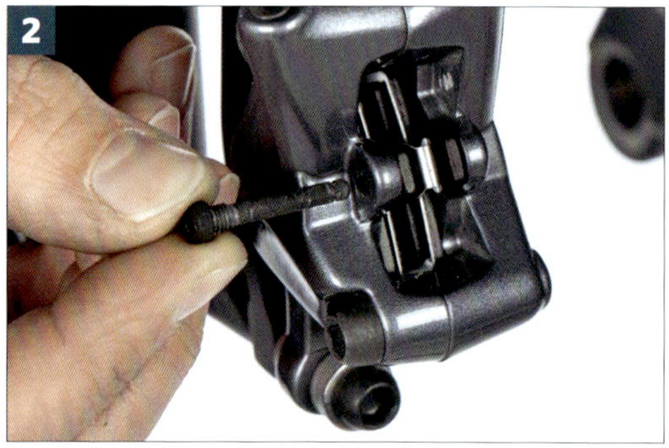

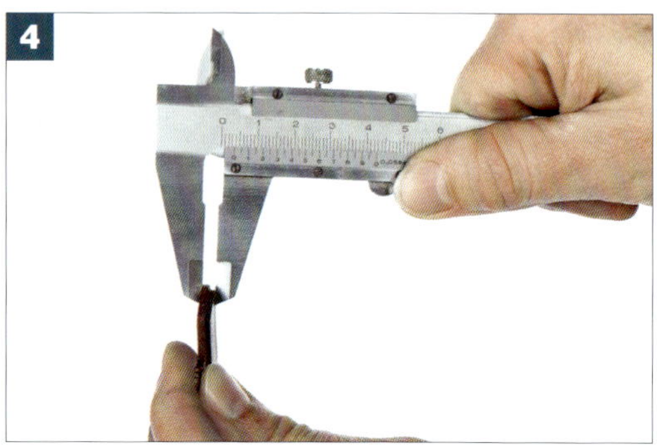

**Distanzhalter bei ausgebautem Laufrad**
Setzen Sie Distanzhalter in die leeren Bremssättel, falls Sie z. B. Ihr Bike mit ausgebauten Laufrädern im Auto transportieren.
Jede Betätigung des Bremshebels presst die Beläge zusammen, wenn keine Scheibe dazwischen steht. Passiert das dennoch, drücken Sie die Beläge mit einer Messerklinge wieder auseinander. Vorsicht: Beschädigen Sie die Belagoberfläche nicht!

5

6

### 5 Kolben zurückstellen

Falls die Beläge getauscht werden: Legen Sie die Altbeläge wieder ein. Drücken Sie mit einem flachen Schraubendreher behutsam Beläge mitsamt Kolben soweit wie möglich auseinander. Neue Beläge sind dicker als abgefahrene, die Kolben müssen deshalb von Hand zurückgestellt werden. Nehmen Sie die Altbeläge dann wieder heraus. Auf diese Art verkanten die Kolben beim Zurückstellen nicht. Zudem werden die oft aus Keramik bestehenden Teile vor Beschädigung durch das Werkzeug geschützt. Neue Beläge würden jedoch verpresst.

### 6 Bremszange reinigen

Entfernen Sie Bremsabrieb und Staub aus der Bremszange. Das geht am besten mit einem weichen, fettfreien Lappen.

### 7 Kolbendichtungen reinigen

Ein mit Isopropyl-Alkohol oder Bremsenreiniger getränktes Wattestäbchen eignet sich gut, um die Gummidichtungen um die Kolben sowie die Kolben selbst von festgebackenen Ablagerungen zu befreien.

### 8 Neue Beläge einbauen

Setzen Sie die neuen Beläge und ihre Trennfeder zu einem Paket zusammen. Eine neue Feder liegt den Belägen jeweils bei. Die Feder sollte ebenfalls ersetzt werden, da die hohen Bremstemperaturen das Material schwächen. Schieben Sie die Beläge an ihren Platz. Sollten die Kolben noch zu eng stehen, wiederholen Sie Schritt 5. Legen Sie dazu jedoch wieder die Altbeläge ein. Setzen Sie die Sicherungen wieder ein.
Fahren Sie neue Beläge nach Anleitung des Herstellers ein. Als Richtschnur gilt: 30 mal aus 30 km/h bis fast zum Stillstand abbremsen. Dabei passen sich die Oberflächen einander an.

7

8

# Bremsscheibe tauschen

Die Bremsscheiben sind Verschleißteile. Im Gegensatz zur Felgenbremse verschleißen bei der Scheibenbremse jedoch keine tragenden Teile. Discs sind preisgünstig und einfacher zu tauschen, wenn ihre Verschleißgrenze einmal erreicht ist. Hier zeigen wir, wie Sie Verschleiß erkennen und den Austausch Ihrer Discs selbst vornehmen können.

1

2

3

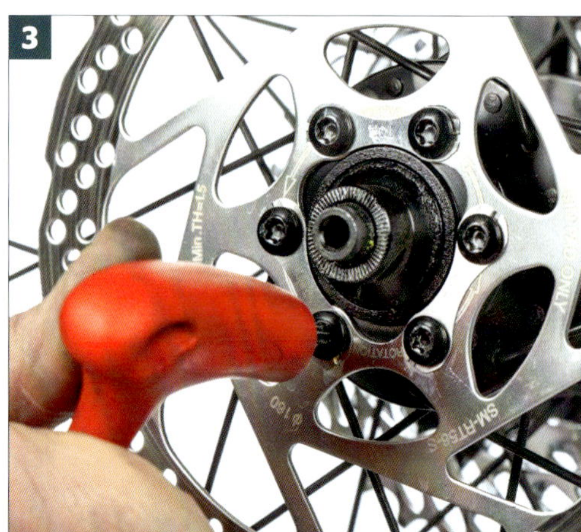

**1 Scheibendicke messen**
Messen Sie etwa einmal pro Saison die Materialstärke Ihrer Discs an Vorder- und Hinterrad. Discs werden bei jedem Bremsvorgang ein bisschen dünner. Gut 70 % der Bremskräfte laufen jedoch am Vorderrad auf. Deshalb verschleißen Beläge und Disc immer dort zuerst.

**2 Verschleißgrenze beachten**
Behalten Sie das Limit der Materialstärke im Auge. Eine zu dünne Disc macht die Bremse kraftlos und kann im Extremfall sogar brechen. Shimano-Discs müssen mindestens 1,5 mm, Magura-Discs 1,8 mm dick sein. Lesen Sie die Werte im Zweifel im Manual oder auf der Website des Bremsen-Herstellers nach.

**3 Schrauben über Kreuz festziehen**
Ziehen Sie Einzelschrauben an der Scheibe immer abwechselnd über Kreuz fest. So vermeiden Sie ungleichmäßige Materialspannungen, was wiederum die Quietschanfälligkeit reduziert. Man verwendet hier immer Torx-Schrauben (T 25).

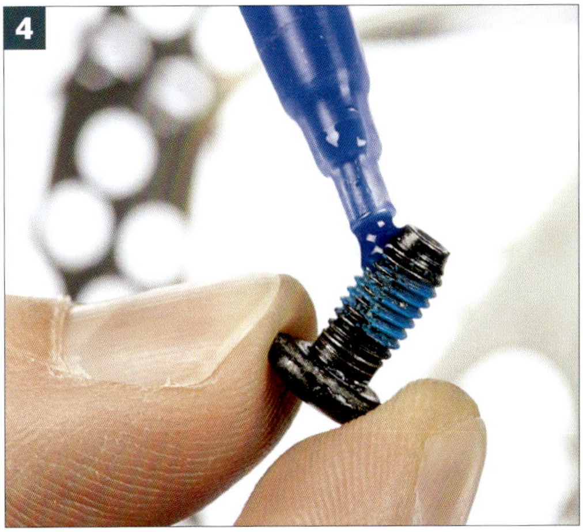

**4 Bremsschrauben verkleben**
Sichern Sie herausgedrehte Disc-Schrauben stets erneut mit einem Tropfen mittelfestem Schraubenkleber. Diese Schrauben dürfen sich auf gar keinen Fall versehentlich lockern.

Vertiefungen und Riefen in der Bremsscheibe sind ein klares Signal: Eine solche Disc ist durch. Ersetzen Sie verschlissene Scheiben schon allein aus Sicherheitsgründen sofort.

## Shimano-Centerlock

**1 Centerlock-Scheibenbefestigung**
Das Shimano-System verwendet eine zentrale Schraubmutter mit Feingewinde und Vielzahn-Schlüsselaufnahme für verkantungsfreie, reibungsgesicherte Verschraubungen. Die Centerlock-Schraube kann nur mit der Shimano-Nuss TL-LR15 geöffnet werden. Dieselbe Nuss benötigt man auch zum Ritzelabbau.

**2 Disc-Aufnahme reinigen und versetzen**
Heben Sie die Disc von der Nabe. Reinigen Sie mit einer Zahnbürste die Vielzahnaufnahme der Nabe. Setzen Sie die Disc eine viertel Umdrehung versetzt wieder auf und verschrauben Sie sie aufs Neue. Das kann eventuelle Spannungen in der Aufnahme reduzieren und zu weniger Quietschen beitragen. Hier bitte kein Fett!

# Bremsgeräusche eliminieren

Nichts nervt mehr, als eine Bremse, die bei jedem Hebelzug durchdringend quietscht. Eine penibel durchgeführte Bremsjustage hilft hier oft schon weiter. Doch es gibt viele verschiedene Ursachen für laute Bremsgeräusche. Wenn die Geräuschkulisse noch immer nicht zu stoppen ist, gibt es einige weitere Tricks, um eine Scheibenbremse wieder ruhig zu stellen.

1

**1 Beläge checken**
Bauen Sie die Bremsbeläge aus. Säubern Sie Vorder- und Rückseite, sowie die Kolben und die Innenseite des Bremssattels mit einem Pinsel, Zahnbürste oder ähnlichem. Prüfen Sie die Belagoberflächen auf Abnutzung, Riefen oder Fremdkörper. Falls sie noch gut sind, setzen Sie die Beläge neu zusammen und bauen Sie sie wieder ein. Verbrauchte, unebene oder schräg abgefahrene Beläge wechseln Sie aus. Entfernen Sie eingedrungene Fremdkörper aus dem weichen Belag.

2

**2 Oberflächen aufrauen**
Schmirgeln Sie die Belagoberfläche mit Schleifleinen leicht an, um eine verglaste oder angegriffene Belagschicht zu entfernen. Achtung: Atmen Sie keinen Schleifstaub ein!

3

**3 Kanten anfeilen**
Brechen Sie die Belagkanten ringsum mit einer Feile. Nun legen sich die Beläge beim Bremsen geringfügig anders an die Scheibe an. Das kann helfen, Vibrationen zu reduzieren, die sich zuvor als Geräusche geäußert haben.

**4 Disc entfetten**
Kettenöl, Schweißtropfen und andere Verschmutzungen reduzieren die Reibkräfte einer Bremsscheibe. Sprühen Sie reichlich Bremsenentfetter auf die Scheibe und wischen Sie sie mit einem sauberen Tuch sorgfältig trocken.

**5 Disc prüfen**
Eine verbogene Disc macht sich ebenfalls akustisch bemerkbar. Drehen Sie die Disc langsam durch die Bremszange bei leicht gezogener Bremse. Stoppen Sie direkt an der verzogenen Stelle.

**6 Disc ausrichten**
Biegen Sie verzogene Stellen mit einem Richtwerkzeug wieder gefühlvoll zurecht. Große Discs verbiegen besonders schnell bereits bei leichtem Anstoß.

# Laufräder & Reifen

Voluminöse MTB-Reifen mit griffigem Profil rollen bergab sensationell souverän. Doch je steiniger und verblockter der Untergrund, desto wichtiger werden die hohe Stabilität der Laufräder und der optimale Reifendruck.

# Rolling!

**Ein Laufrad rollt um so besser, je stabiler es gebaut ist. Doch das filigrane Gleichgewicht der Speichenspannung ist störanfällig. Noch wichtiger ist jedoch der Einfluss von Reifen und Reifendruck: Sie prägen die Performance des gesamten Bikes.**

Radnaben mit Steckachse kommen mit den hohen Belastungen am E-MTB am besten zurecht.

Rollwiderstand, Haftung und Gewicht, aber auch Grip, Seitenhalt und Spurführung: Fast das gesamte Fahrgefühl eines Bikes hängt entscheidend von den Reifen ab. Auch guter Pannenschutz spielt eine große Rolle. Mit dickeren Seitenwänden und engmaschigem Kunstfasergeflecht sind MTB-Reifen relativ gut gegen Luftverlust geschützt. Doch gegen die Gefahr eines Platten kann man vorsorgen: Neben dem Check von Felgenband, Reifenpassung und Speichenspannung ist auch der Reifendruck mit entscheidend dafür, ob es ein Eindringling schafft, Reifen und Schlauch zu perforieren – oder eben nicht.

Die Laufräder am E-MTB müssen vor allem solide und stabil gebaut sein. Durch das hohe Fahrzeuggewicht und hohe Fahrgeschwindigkeit entstehen auch immens hohe Belastungen. Erst recht in gröberem Gelände. Die Laufräder tragen stets das gesamte Systemgewicht von Bike und Fahrer – da kommen häufig über 100 Kilo zusammen. Durch starke Impulskräfte, verstärkt von ruppigem Untergrund, treten Lastspitzen vom bis zu Zehnfachen des Eigengewichts auf – das vermittelt eine Ahnung davon, welchen Kräften Speichen, Naben und Achsen ausgesetzt sind. Schon ein Seiten- oder Höhenschlag schwächt die Statik des gesamten Laufrads: Der regelmäßige Check der Speichenspannung und das Nachzentrieren der Laufräder ist am E-MTB deshalb besonders sinnvoll.

Mit einem gezielten Reifenwechsel können Sie Ihr Bike auf unterschiedliche Einsatzbereiche und Fahrbedingungen abstimmen: Für nasse oder trockene Bedingungen, verblockte

Konifizierte Speichen sind elastischer und verteilen Zugkräfte im Laufrad besser als gerade Speichen. Das macht die Laufräder stabiler.

Den empfohlenen Druckbereich eines Reifens finden Sie meist auf der Felgenflanke. Orientieren Sie sich mehr am unteren Limit, wenn Sie Wert auf ein Höchstmaß an Grip, Komfort und hohe Durchschlagsicherheit legen.

Routen oder Trails auf losem Geröll, für ruppige Wurzelteppiche oder schnelle Forststraßen-Touren – der richtige Reifen entscheidet über Lust oder Frust auf Tour. Bei Reifen gilt: Breiter ist geiler! Reifen ab 2,5 und mehr Zoll verzeihen auch mehr. Spurrillen, Löcher oder Steine schluckt ein Pneu um so souveräner weg, je mehr Volumen er besitzt. Dadurch kann sich die Fahrlinie in der Praxis immer mehr der Ideallinie annähern: Im Falle eines Falles schlucken dicke Reifen einfach alles!

Eine außerordentlich wichtige Rolle spielt der Reifendruck: Erst mit dem optimalen Betriebsdruck entwickelt Ihr Bike ein ideales Verhältnis von Dämpfung, Grip und Fahrstabilität. Selbst die Agilität von Federung und Fahrwerk profitiert vom gut abgestimmten Zusammenspiel von Federung, Reifenvolumen und -druck. Gewissenhafte Druckkontrolle, exaktes Nachpumpen vor jeder Tour, und falls nötig, auch unterwegs, lohnen sich. So können Sie selbst kritische Passagen stets mit optimalem Grip und Schutz vor Durchschlägen erstaunlich sicher fahren

Bei einem Platten müssen Sie in der Lage sein, Ihr Rad wieder ins Rollen zu bringen – wir zeigen Ihnen, wie.

Der Umgang mit Schlauchlos-Pneus ist weniger kompliziert, als viele denken. Gerade am E-MTB, wo nicht jedes Gramm zählt, spielen fette Tubeless-Reifen ihre Vorteile voll aus: Schnelle Abfahrten verlaufen grandios!

# Laufrad Aus- & Einbau

**Zum Reifenflicken, Bremsbelag-Wechseln oder auch nur zum Autotransport: Oft ist es nötig, die Laufräder eines Bikes schnell auszubauen. Wie das zügig und ohne Probleme vonstatten geht, zeigen wir hier im Detail.**

**1 Hinterrad ausbauen**
Schalten Sie zum Ausbau obligatorisch auf das kleinste Ritzel und öffnen Sie dann die Achse. Ziehen Sie das Schaltwerk mit einer Hand leicht nach hinten, um das Laufrad und sein Ritzelpaket ungehindert nach unten aus der Kette fallen zu lassen. Drücken Sie gleichzeitig mit der anderen Hand von oben aufs Laufrad. Der leichte Kettenzug, den diese Bewegung ausübt, hebelt das Laufrad elegant nach unten am Schaltwerk vorbei und aus dem Rahmen.

**2 Hinterrad einfädeln**
Setzen Sie das kleinste Ritzel von unten in die Kette und bugsieren Sie die Disc in die Bremszange. Ziehen Sie das Schaltwerk am Käfig etwas nach hinten, um das Ritzelpaket am Schaltwerk vorbei zu führen.

**3 In den Rahmen setzen**
Drücken Sie jetzt den Schaltwerkskäfig leicht nach vorn in Fahrtrichtung. Führen Sie das Laufrad dabei mit der anderen Hand nach oben. Durch diesen Impuls rutscht die Achse willig an ihren Platz.

**4 Spannkraft**
Schließen Sie dann den Schnellspannhebel. Die Achse muss so vorgespannt sein, dass sich der Hebel auf dem letzten Drittel seines Wegs nur noch mit wirklich hoher Handkraft bewegen lässt.

**5 Hebelstellung**
Schließen Sie einen Schnellspannhebel immer konsequent bis zum Anschlag. Richten Sie den Hebel am Rahmen so aus, dass er beim Vorbeifahren nirgendwo einhaken oder versehentlich aufgehebelt werden kann.

**6 Ausfallsicherung am Vorderrad**
Am Vorderrad wäre eine versehentlich geöffnete oder gebrochene Achse verheerend. Deshalb weist jede Gabel auf der Unterseite ihrer Ausfallenden zwei Zapfen auf. Die Ausfallsicherungen verhindern, dass eine lose Achse aus dem Vorderrad rutschen kann. Um das Laufrad aus der Gabel zu nehmen, müssen Sie deshalb die Gegenschraube der Schnellspannachse stets einige Umdrehungen aufdrehen, um über diese Sicherungszapfen zu kommen.

# Steckachsen

**Immer häufiger findet man Steckachsen mit Durchmessern von 10, 12 oder gar 15 Millimetern an E-MTB-Laufrädern. Die fetten Wellen erhöhen die Steifigkeit an Gabel und Rahmen und platzieren die Disc immer an derselben Stelle.**

**1+2 Drehhebel**
Bei dieser Art Steckachse zieht man den Hebel axial heraus, um ihn günstig zum Drehen zu platzieren. Drückt man ihn hinein, rastet er fest ein. In geschlossenem Zustand stellt man ihn so, dass das Bike nirgendwo damit hängen bleiben kann.

**3 Suntour QLoc-Steckachse**
Diese Achse bietet Gabelhersteller Suntour an seinen Federgabeln mit 12, 15 oder 20 mm Durchmesser und in 100 oder 110 mm Länge an.
Zum Ausbau lösen Sie zuerst den Schnellspannhebel links.

**4 Achse aufschrauben**
Die Achse ist durch eine Spreizsicherung rechts gegen Herausfallen gesichert. Ihr Schnellspannmechanismus wird durch den drehbaren Schraubknopf justiert. Drehen Sie den Knopf unter Gegenhalten des offenen Schnellspannhebels etwa eine Umdrehung nach links.

**5 Achse aus-/einbauen**
Durch Druck auf den Schraubknopf schnappt die gespreizte Ausfallsicherung zusammen und die Achse lässt sich nach links herausziehen. Der Einbau erfolgt analog in umgekehrter Reihenfolge. Auch hier schnappt die Spreizsicherung beim Einschieben der Ache zusammen. Drehen des Schraubknopfs blockiert die Sicherung und spannt die Achse vor.

**6 Inbus-Steckachsen**
Diese Steckachse wird schlicht durch einen Inbusschlüssel in der mittigen Aussparung wie eine Schraube heraus- und hineingedreht.

**7 RockShox Maxle**
Die Maxle findet man an RockShox-Gabeln und Hinterrädern. Auch hier gibt es verschiedene Durchmesser und Einbaulängen. Öffnen Sie zuerst den Schnellspannhebel rechts.

**8+9 Hebel anstellen**
Der offene Schnellspannhebel fügt sich genau in eine Aussparung am Achskopf. So lässt sich der Hebel nutzen, um die Achse werkzeuglos aus dem Gabelgewinde auf der linken Seite zu schrauben.

**10 Vorspannung einstellen**
Sollte die Achse nicht mehr ausreichend Klemmkraft entwickeln, lässt sich ihre Vorspannung bei offenem Hebel per 3-mm-Inbus in einer Madenschraube im Achskopf Klick für Klick nachstellen.

**Achse und Gewinde fetten**
(Salz-)Wasser, beispielsweise beim Autotransport, ist ein tückischer Feind jeder Fahrradtechnik. Ungeschützte, trocken verschraubte Achsen können unter ungünstigen Umständen an Rahmen und Laufrad festkorrodieren. Geben Sie deshalb immer dünn Fett auf Achsfläche und das Gewinde.

# Laufrad zentrieren

Das Speichenrad ist unter senkrechter Belastung unglaublich stabil. Seitenkräfte verträgt es dagegen weniger gut. Doch auf ruppigen Trails lassen sich seitliche Stöße nicht immer vermeiden. Deshalb ist es sinnvoll, die Laufräder etwa einmal pro Saison auf Höhen- und Seitenschläge zu überprüfen.
Mit etwas Geschick, Übung und Geduld kann man den Rundlauf auf einem Zentrierständer wieder perfekt einrichten.

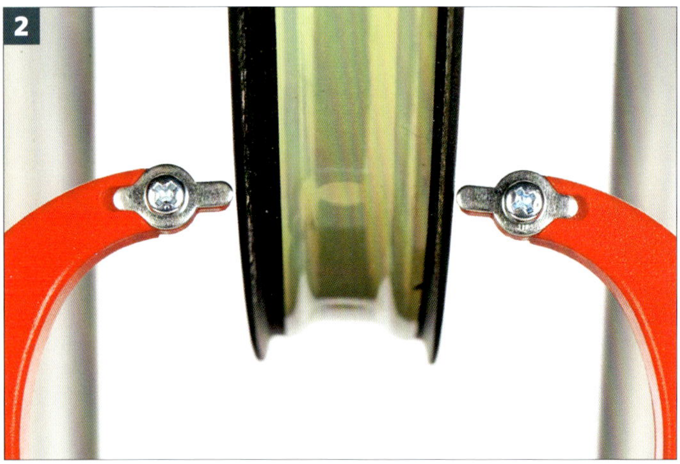

**1 Laufrad symmetrisch einsetzen**
Bauen Sie das betroffene Laufrad aus, nehmen Sie Reifen und Schlauch ab und setzen Sie es mit seiner Achse in die Aufnahmeschlitze des Zentrierständers. Selbst Steckachsen bis 20 mm lassen sich symmetrisch an den Ausfallenden der Holme auflegen.

**2 Seitenfühler einrichten**
Richten Sie die symmetrischen Seitenfühler beidseitig auf die Felgenränder aus. Beim Drehen sollen sich Fühler und Felge gerade nicht berühren. Einen seitlichen Verzug sehen und hören Sie sofort.

**3 Nippel spannen**
Lokalisieren Sie den Bereich der Abweichung. Ziehen Sie nur die Nippel derjenigen Speichen nach, die im Nabenflansch auf der Seite verankert sind, wohin Sie die Felge bewegen wollen. Drehen Sie die Nippel der Speichen im Zentrum des Verzugs maximal eine halbe Umdrehung auf einmal, die benachbarten Speichennippel entsprechend nur in drittel und viertel Umdrehungen. Arbeiten Sie sich in mehreren Durchgängen bis zu einem möglichst perfekten Ergebnis voran.

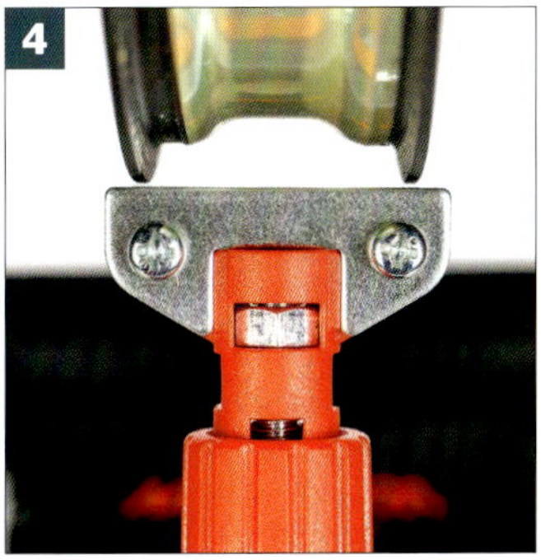

**4 Höhenfühler einrichten**
Zur Höhenkontrolle richten Sie den Höhenfühler senkrecht zu beiden Felgenhörnern aus. Bei Streifkontakt lokalisieren Sie den Bereich mit Klebeband an den Speichen.

**5 Speichen spannen**
Gehen Sie hier genauso vor wie beim Seitenschlag. Nur: Spannen Sie hier jede Speiche im betroffenen Bereich mit entsprechend abgestufer Intensität nach.

**6 Nippelspanner**
Vewenden Sie einen exakt passenden Nippeldreher. Die Nippel-Außenmaße variieren im Hundertstel Millimeter-Bereich, je nachdem, wie die Speichen dimensioniert sind. Meist bestehen die Nippel aus weichem Material wie Messing oder Alu – deshalb Vorsicht: Unpassendes Werkzeug ruiniert Nippel.

**Nippel ölen**
Vereinzelt lassen sich einzelne Nippel nicht nachziehen: Oft sitzen Nippel bereits lange Zeit unter ständigem Zug und Entlastung im Laufrad, und sitzen deshalb am Speichengewinde oder in der Felgenbohrung fest. Geben Sie in solchen Fällen einen Tropfen dünnflüssiges Öl an die Stelle. Lassen Sie es einziehen, wischen Sie den Überschuß ab und setzen Sie dann den Nippeldreher gefühlvoll neu an.

# Reifenventile

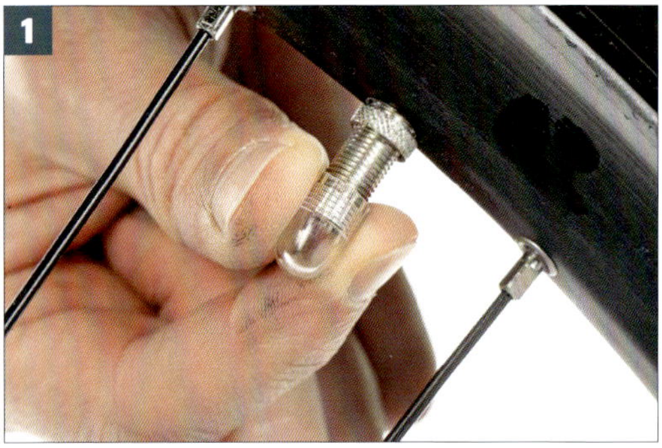

Zwei Ventilarten haben sich am sportlichen Fahrrad durchgesetzt: Das verschraubbare Sclaverand- und das praktische Autoventil. Das letztere lässt sich an jeder Tankstelle mit komfortabler Druckanzeige nachfüllen. Das erstere gilt als dicht, leicht, elegant und technisch perfekt. Ein genauer Blick auf die Eigenheiten der altbekannten Luftschleusen lohnt sich dennoch.

**1 Ventilkappe**
Verwenden Sie am Auto- oder Schrader-Ventil (AV) immer eine Ventilkappe. Eingedrungener Schmutz könnte den Ventilstößel blockieren oder sogar in den Schlauch gepumpt werden. Das erhöht das Pannenrisiko.

**2 Felgenmutter**
Ziehen Sie die Rändelschraube am Fuß eines Ventils öfters einmal handfest nach. Oder nehmen Sie sie gleich ganz ab. Sie lockert sich häufig von selbst und kann penetrant klappern.

**3 Ventilanschluss**
Beim Autoventil drücken Sie den Ventilanschluss der Pumpe fest auf und verriegeln sofort. Ein Dorn drückt den Stößel ein. Sobald der Anschluss aufgesetzt wird, entweicht bereits Luft.

**4 Ventileinsatz festziehen**
Es gibt Autoventile mit auswechselbarem Ventileinsatz. Dieser eingeschraubte Stößel kann sich lockern, das Ventil ist dann undicht. Ziehen Sie den Ventileinsatz mit dem Ventilschlüssel von Schwalbe gelegentlich nach.

Das leichte Sclaverand- oder französische Ventil (SV) hat sich an den meisten Bikes durchgesetzt. Dank verschließbarem Stößel hält es absolut dicht und ist sehr zuverlässig.

5

6

7

**5 Sclaverand-Ventil (SV)**
Einige Sclaverand-Ventile besitzen einen austauschbaren Ventileinsatz, der im Schaft verschraubt wird. Darin ist der verschraubbare Ventilstößel montiert. Die kleine Kopf-Schraube muss man zur Ventilöffnung ganz bis zum Anschlag aufschrauben.

**6 Ventileinsatz undicht?**
Der Ventileinsatz am Sclaverand-Ventil sich kann selbsttätig lockern. Ziehen Sie diesen Einsatz mit dem Schwalbe-Ventilschlüssel gelegentlich nach.

**7 Druckkontrolle**
Auf jeder Reifenflanke ist der ideale Druckbereich aufgebracht. Pumpen Sie, je nach Fahrergewicht, so auf, dass der Druck zwischen diesen Grenzen liegt. Bei breiten Reifen ist ein Wert am unteren Limit empfehlenswerter: Komfort, Haftung und Grip auf losem Untergrund steigen, je größer die Aufstandsfläche des Reifens ausfällt. Schon wenige Zehntel Bar machen einen Unterschied. Verwenden Sie einen digitalen Druckprüfer, um über die Druckverhältnisse präzise im Bilde zu sein.

# Reifen demontieren

Die Reifenmontage geht einfacher von der Hand, wenn man ein paar Kniffe kennt. Reifen und auch Felgen werden heute viel genauer und mit weit geringeren Toleranzen gefertigt als früher. Deshalb fällt auch die Passung von Reifen und Felge viel enger aus. Ein Reifenwechsel lässt sich meist von Hand erledigen. Doch im Einzelfall und bei besonders ungünstigen Reifen-Felgen-Paarungen passen die Partner nicht optimal zusammen. Dann kommt man nur mit Reifenhebern zum Ziel.

**1 Ventil öffnen**
Am Sclaverand-Ventil müssen Sie zunächst die kleine Mutter am Ventilstößel ganz aufdrehen. Das Gewinde hat einen Anschlag, die Mutter kann nicht abfallen.

**2 Luft ablassen**
Drücken Sie den Ventilstößel am Sclaverand-Ventil von Hand ganz ein. Am Autoventil geht das am besten mit einem kleine Inbusschlüssel. Lassen Sie die Luft komplett entweichen.

**3 Auspressen**
Zur Reifendemontage muss die Luft vollständig aus dem Schlauch. Drücken Sie bei geöffnetem Ventil letzte Luftreste aus dem Pneu, indem Sie den Reifen von oben mit der flachen Hand belasten und auf einer festen Unterlage leicht hin und her rollen.

**4 Reifenflanke lösen**
Der dicke Wulst am unteren Ende der Reifenflanke sitzt meist ein wenig unter Spannung auf der äußeren Schulter des Felgenboden. Drücken Sie den leeren Reifen beidseitig nacheinander rundum aus dieser Passung nach innen in die vertiefte Mitte des Felgenbodens.

**5 Übers Felgenhorn**
Raffen Sie den lose sitzenden Reifen ringsum mit beiden Händen so, dass er auf einer Seite des Felgenrunds in die tiefste Stelle des Felgenbodens gezogen wird, auf der gegenüberliegenden Seite aber leicht beult und über den Felgenrand gehoben werden kann. Drücken Sie den Wulst einer Reifenseite mit den Daumen auf einigen Zentimetern Strecke über das Felgenhorn heraus.

**6 Flanke abheben**
Greifen Sie mit einer Hand in Lücke im Reifen, mit der anderen halten Sie das Laufrad fest. Ziehen Sie so die vollständige Reifenflanke von der Felge. Die gegenüberliegende Seite lässt sich dann ohne Probleme leicht von der Felge nehmen, sobald Sie den Schlauch entfernt haben.

**7 Reifenheber ansetzen**
Sitzt der Reifen wirklich stramm auf der Felge, greifen Sie zu Reifenhebern. Verwenden Sie nur Kunststoff-Hebel, um weder Schlauch noch Reifen oder Felge zu beschädigen.
Quetschen Sie den leeren Pneu zusammen, um den Hebel mit nach oben gewölbtem Ansatz innerhalb der Felge unter den Reifenwulst zu platzieren. Lassen Sie dann den Reifen los und drücken Sie den Hebel abwärts zwischen die Speichen.

**8 Aufhebeln**
Mit seinem Schlitz am Hebelende hängen Sie den ersten Hebel an einer Speiche ab. Setzen Sie nun etwa 10 bis 15 Zentimeter daneben einen zweiten Reifenheber an und hebeln dort ebenfalls den Reifenwulst über den Felgenrand.

**9 Reifen abschälen**
Sind die ersten 15 -20 Zentimeter Reifenwulst über das Felgenhorn gesprungen, ist die Spannungsspitze überwunden. Mit einem schräg angesetzten Hebel hebeln Sie die restliche Reifenflanke unter Drehung an der Felge entlang vollends ab.

**10 Ventil lösen**
Um nun auch den Schlauch auszubauen, müssen Sie, falls vorhanden, auch die Haltemutter vom Ventil drehen.

**11 Schlauch entfernen**
Drücken Sie eine Reifenflanke zur Seite und heben Sie den alten Schlauch am Ventil senkrecht aus der Felge.

**Reifeninnenseite prüfen**
War ein Platten der Grund Ihrer Reifendemontage? Drehen Sie die Reifeninnenseite nach außen und prüfen Sie vorsichtig mit dem Daumen, ob der Verursacher wie beispielsweise eine Glasscherbe oder ein Dorn eventuell noch im Reifen steckt.

# Schlauch flicken

**Einen Platten flicken lernten die Kinder früher in der Schule – sagt man. Dennoch zeigen wir die essenziellen Schritte hier im Detail: So funktioniert das Flicken garantiert.**

**1 Loch finden**
Bauen Sie den lecken Schlauch aus und pumpen Sie ihn nochmals kräftig an. Wo genau die Luft entweicht, hört man dann meist schnell. Doch auch „Schleicher" finden Sie, wenn Sie den Schlauch an der Wange entlang drehen. Die sensible Gesichtshaut reagiert auf feinste Luftdruckänderungen.

**2 Tauchbad**
Alternativ können Sie den Schlauch ins Wasserbad tauchen. Die Perlenschnur an Luftbläschen verrät die lecke Stelle sofort. Unterwegs hilft auch das Benetzen aus der Trinkflasche.

Checken Sie das Flickzeug vor der Tour: Oft trocknet die Vulkanisierflüssigkeit in der Tube ein. Sie lässt sich aber, wie auch die Flicken, im Fachhandel einzeln nachkaufen.

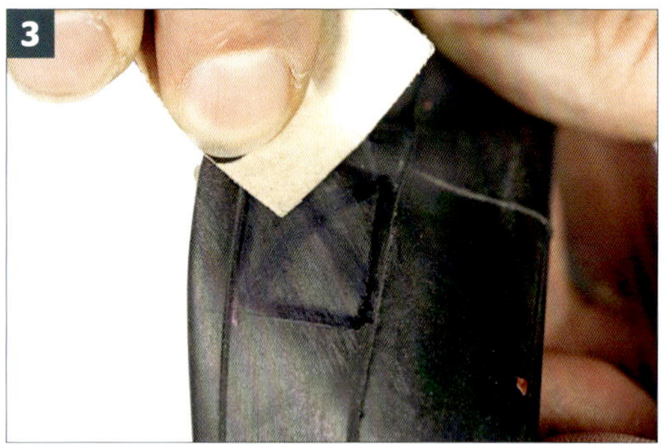

**3 Markieren und aufrauen**
Malen Sie mit einem Kugelschreiber ein dickes Kreuz auf das Loch, um es jederzeit wiederzufinden. Reiben Sie mit dem Schleifpapier aus dem Flickzeug so lange über die Stelle, bis der Gummi sichtbar aufraut. So bindet der Flicken später besser ab.

## 4 Vulkanisierer auftragen

Geben Sie reichlich Vulkanisierflüssigkeit mindestens in Größe des Flickens auf die Stelle. Verstreichen Sie den Kleber sorgfältig und lassen ihn gut 5 Minuten abbinden, bis er nicht mehr glänzt.

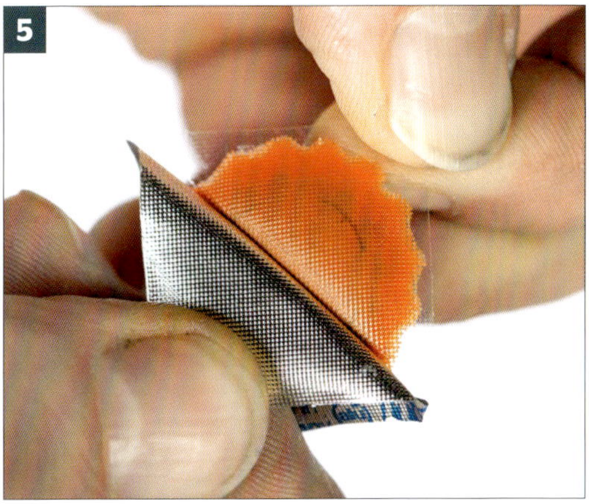

## 5 Flicken abziehen

Ziehen Sie einen passenden Flicken an seiner Klarsichtfolie von der Metallfolie auf der Klebefläche.

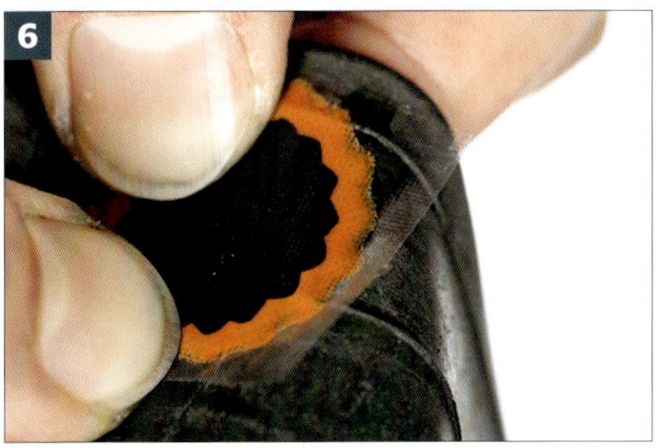

## 6 Flicken aufbringen

Platzieren Sie den Flicken mittig auf dem Loch. Drücken Sie ihn ganzflächig für ein, zwei Minuten fest an, am besten, indem Sie den Schlauch dabei auf ein Rahmenrohr legen.

## 7 Folie abziehen

Hat der Flicken abgebunden, ziehen Sie die Klarsichtfolie ab.

## Ersatz-Schlauch

Achten Sie beim Schlauchkauf auf die benötigte Ventilart und Dimension:
28 Zoll = Größe ETRTO 622
(Innendurchmesser Reifen in mm)
27,5 Zoll = Größe ETRTO 584
26 Zoll = Größe ETRTO 559

# Felgenband erneuern

**Es lohnt sich, auch einmal unter Reifen und Schlauch zu schauen: Das Felgenband übersehen viele Biker. Doch als heimlicher Verursacher für einen Platten kann es eine hinterhältige Rolle spielen.**

1
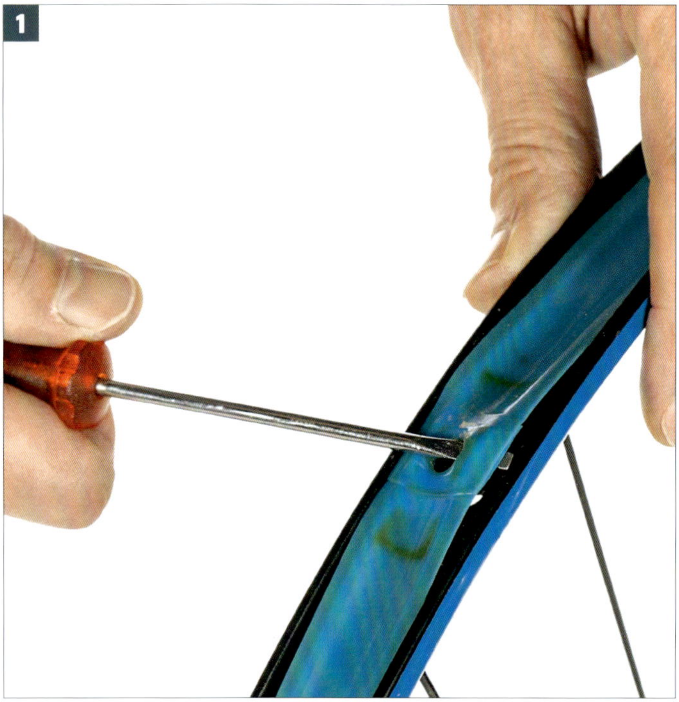

**1 Felgenband abnehmen**
Ist das Band verschlissen, brüchig oder in die Speichenlöcher verpresst, sollte es gewechselt werden. Hebeln Sie das alte Band am Ventilloch aus der Felge.

**2 Neues Band einlegen**
Das Felgenband muss den Felgenboden auf ganze Breite abdecken. Scharfkantige Ränder von Speichenbohrungen müssen abgedeckt sein und das Band soll nicht verrutschen können. Legen Sie ein neues Band passender Breite am Ventilloch ein und stecken Sie einen Stift durch, um es zu fixieren.

**3 Band aufhebeln**
Legen Sie den Schraubendreher zuerst waagerecht aufs Felgenhorn, überkanten Sie dann und fahren Sie mit dem Werkzeug langsam um das Laufrad.

2

3

Felgenbänder werden jeweils für unterschiedliche Felgenbreiten und -größen angeboten.

**4 Band vordehnen**
Dies zieht das Band direkt zwischen die Felgenhörner. Umfahren Sie abschließend nochmals das gesamte Felgenrund, damit das steife Felgenband unverdreht und unter gleichmäßiger Spannung auf dem Felgenboden zu liegen kommt.

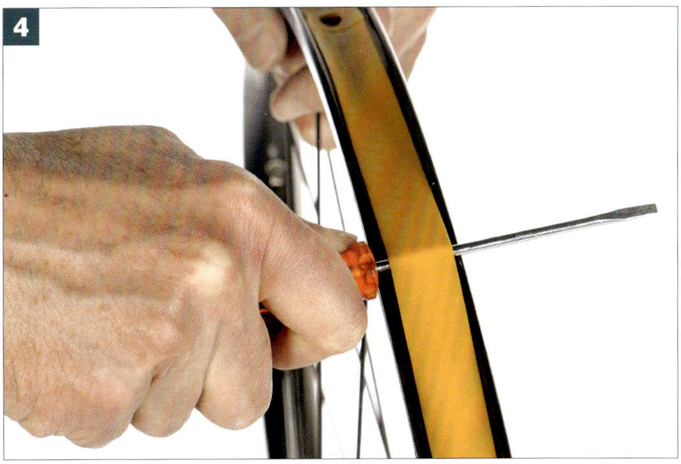


**Ventilloch ausrichten**
Sollten die Ventilöffnungen an Band und Felge gegeneinander verrutscht sein, synchronisieren Sie durch mehrfaches Umfahren der Felge mit einem Schraubendreher unter dem Felgenband beide Öffnungen wieder miteinander.

# Reifen montieren

Auch der Einbau von Schlauch und Reifen ist meist nicht schwer. Wir zeigen, wie das sogar ohne Werkzeug gelingt.

**1 Reifen- und Schlaucheinbau**
Drücken Sie den einseitig auf die Felge gezogenen Reifen am Ventilloch zur Seite und stecken Sie das Schlauchventil in die Felgenbohrung. Achten Sie darauf, dass das Felgenband nicht verrutscht ist.

**2 Schlauch anpumpen**
Pumpen Sie den neuen Schlauch leicht an und schieben Sie ihn im geöffneten Reifen locker ringsum ins Felgenbett. So wird er beim Schließen des Reifens weniger leicht gequetscht.

**3 Reifen über Felgenflanke**
Drücken Sie den Reifenwulst mit beiden Händen Stück für Stück über die Felgenflanke. Beginnen Sie immer gegenüber und enden Sie dann am Ventil.

**4 Zum Ventil hin walken**
Drücken Sie die Reifenflanken im Rund kreisförmig von beiden Seiten zunehmend Richtung Ventil. Durch das seitliche Zusammendrücken der bereits verschlossenen Reifenbereiche ziehen Sie die Wulste in die tiefere Felgenmitte. So können Sie für die letzten Reifenzentimeter oft noch einige Millimeter Spielraum zur Montage von Hand herausholen.

**5 Reifen schließen**
Die letzten offenen Zentimeter lassen sich meist von Hand über das Felgenhorn heben. Wenn Sie den Reifen so fassen, dass Sie mit Daumen und Handballen an der Reifenflanke ansetzen, wandert der Wulst meist relativ leichtgängig vollends über die Felgenflanke. Sitzt der Reifen zu eng, hebeln Sie das letzte Stück mithilfe zweier Reifenheber Stück für Stück auf die Felge.

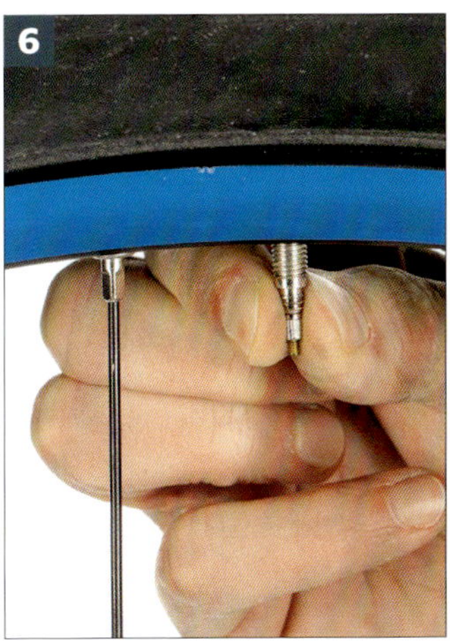


**6 Ventil zurückstoßen**
Schieben Sie das Ventil einmal kräftig in den Reifen zurück, um zu verhindern, dass die Reifenwulste hier auf die verdickte Ventilplatte im Schlauch drücken. Zum Schluss pumpen Sie den Schlauch wieder auf Betriebsdruck. Schrauben Sie dazu den Ventilstößel ganz auf und drücken Sie ihn kurz ins Ventil, um Verkantungen zu lösen, bevor Sie die Pumpe ansetzen.

**Tipp**
Bei steifen oder besonders eng sitzenden Reifen hilft ein Gleitmittel bei der Montage. Easy Fit von Schwalbe bewirkt auch, dass sich der Reifen besser auf der Felge zentrieren lässt und verdunstet völlig rückstandsfrei.

# Tubeless-Reifenmontage

**Schlauchlos-Reifen haben Vorteile: Sie rollen durch wegfallende innere Reibung geschmeidiger und lassen sich ohne Pannenrisiko mit niedrigerem Druck fahren. Aufgrund der schwereren Bauart eignen sich TL-Pneus besonders gut fürs E-MTB. Ihr größter Nachteil ist der etwas aufwendigere Umgang mit klebriger Dichtmilch.**

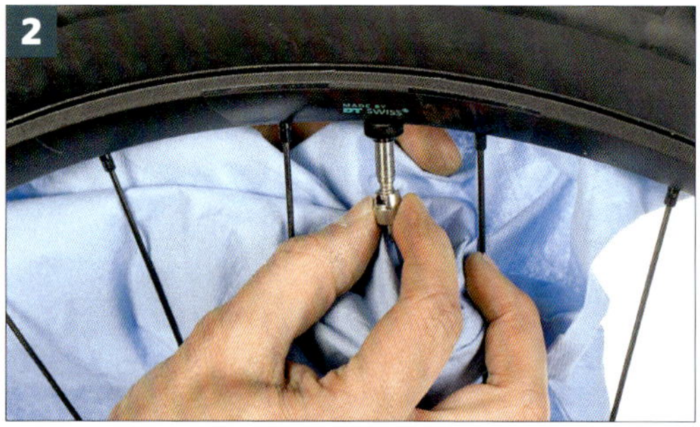

**1 Luft ablassen**
Um Dichtmilch-Spritzer zu vermeiden, stellen Sie das Ventil nach oben und halten einen Lappen ans geöffnete Ventil.

**2 Ventileinsatz ausbauen**
Lösen Sie den Einsatz mit dem Ventilschlüssel und schrauben Sie ihn heraus.

**3 Reifenflanken lockern**
Tubeless-Reifen sitzen besonders fest auf der Felgenschulter. Nur die exakte Passung und ihr fester Sitz halten das System dicht. Drücken Sie beide Wulste ringsum mit kräftiger Hand von der Felgenschulter zur tieferen Mitte des Felgenbodens.

**4 Reifenheber benutzen**
Da Tubeless-Reifen dicker gebaut sind als normal und deutlich enger sitzen, sind Kunststoff-Reifenheber zur kraftsparenden Montage hilfreich.

Flüssige Dichtmilch rotiert im Tubeless-Reifen. Sie dichtet kleine Löcher und Risse sofort ab. Sie granuliert und muss deshalb etwa alle 3 bis 4 Monate erneuert werden.

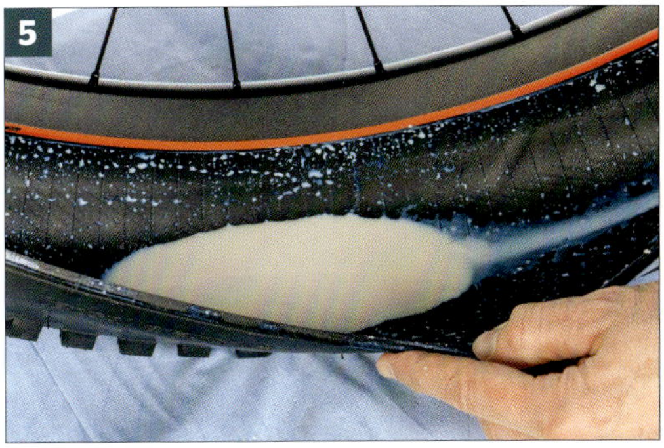


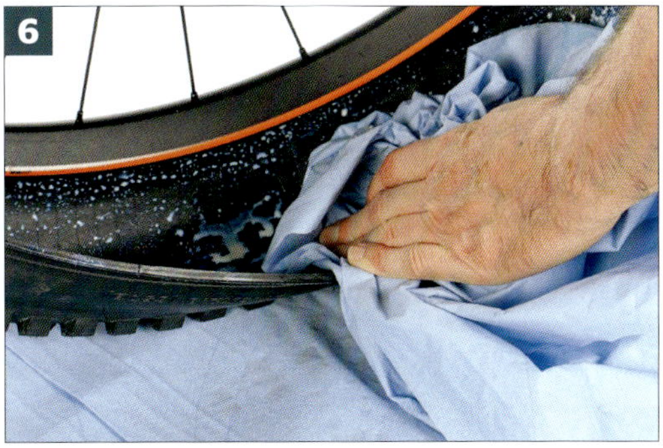

**5 Reifen öffnen**
Öffnen Sie den TL-Reifen nur einseitig. Die restliche Dichtmilch läuft unten zusammen. Getrocknete Rückstände kleben an der Innenseite.

**6 Milch auswischen**
Die Milch ist wasserlöslich und nicht umweltschädlich. Wischen Sie flüssige Reste mit reichlich Papier aus dem Reifen.

**7 Zum Schlaucheinbau: Ventil ausbauen**
Falls Sie einen Schlauch einbauen müssen: Drehen Sie die Halteschraube vom Ventilschaft. Manchmal sitzt die so fest, dass Sie eine Zange benötigen. Entfernen Sie den O-Ring darunter.

**8 Tubeless-Ventil abnehmen**
Heben Sie das Ventil nach innen aus der Felge.

**Schlauch einbauen**
Unterwegs sollten Sie immer einen passenden, normalen Ersatzschlauch mit Sclaverand-Ventil greifbar haben. Den legen Sie nach Ausbau des Tubeless-Ventils in den platten Tubeless-Reifen und fahren damit weiter. Die Milch stört nicht: Lassen Sie sie bei einer Reparatur unterwegs einfach im Reifen.

Das Tubeless-Ventil ist ein Sclaverand-Typus. Sein Gummifuß dichtet innen zum Felgenboden hin, die Rändelschraube und ein O-Ring von außen.

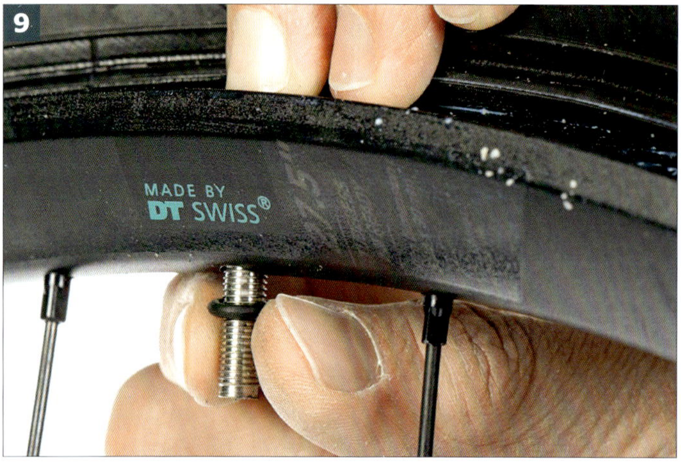

**9 Dichtring montieren**
Beim Einbau dürfen Sie den Dichtring unter der Rändelschraube am Ventilfuß nicht vergessen. Ohne ihn hält das Tubeless-Ventil nicht dicht.

**10 Reifen schließen**
Drücken Sie die Reifenflanke, beidhändig in Richtung Ventil walkend, über das Felgenhorn. Die letzten Zentimeter lassen sich mit etwas Übung dann auch von Hand schließen. Greifen Sie andernfalls zu Reifenhebern aus Kunststoff.

**11 Dichtmilch einfüllen**
Befüllen Sie eine Portionsflasche mit der erforderlichen Menge Dichtmilch, abhängig von Reifengröße und -dicke; Infos beim jeweiligen Dichtmittel-Hersteller. Stecken Sie die Flasche kopfüber in den Ventilschaft und pressen Sie die Milch vollständig in den Reifen. Drehen Sie das Rad, um die Milch zu verteilen.

**12 Ventileinsatz einbauen**
Schrauben Sie den Ventileinsatz wieder in den Ventilschaft.

### 13 Reifen aufschultern

Der leere Tubeless-Pneu muss von einem starken, schnellen Luftstrom in seine enge Passung auf der Felgenschulter gepresst werden. Dazu benötigen Sie einen Kompressor oder eine spezielle Standpumpe. Der Reifen knackt einige Sekunden lang laut, solange er in seine endgültige Position ploppt.

### 14 Überdruck ablassen

Die Montage gelingt nur mit Überdruck. Per Ventil an der Pumpe kann man jedoch den niedrigeren, erwünschten Reifendruck zielgenau einstellen.

**Tubeless-Pumpe**
Die Spezialpumpe hat ein extra Luft-Reservoir, das man zuerst befüllt. Ein grüner Bereich im Manometer markiert die notwendige Füllmenge. Durch Umlegen des roten Hebels entweicht das Luftvolumen auf einmal in den Reifen und presst die Reifenwulste auf ihre engsitzende Felgenpassung.

# Steuerlager

# Dreh- & Angelpunkt

**Die Gabel samt Vorderrad und ein gefederter Hinterbau sind per Kugellager im Rahmen aufgehängt. So wird Reibung an den Drehpunkten auf ein unfühlbares Minimum eingegrenzt. Rost und Korrosion sind jedoch ein schlimmer Feind.**

Kugellager und ihre Lagersitze müssen deshalb regelmäßig gereinigt und gut gefettet werden. Fett dichtet gegen das Eindringen von Feuchtigkeit und Schmutz und verlängert die Lebensdauer integrierter Lager erheblich. Doch irgendwann ist jedes Kugellager durch Reibung abgenutzt und am Ende. Deshalb ist es sinnvoll, vor allem nach langen Standzeiten oder nach einer harten Tour, zu prüfen, ob alle Lager spielfrei eingestellt sind und noch samtig-weich laufen. Auch, wenn Sie bei Ihrem Bike zum Transport im oder am Auto den Lenker querstellen, entsteht dadurch häufig unerwünschtes Lagerspiel am Steuersatz. Am Steuersatz wird der untere Lagerring besonderes stark belastet. Deshalb finden wir dieses Lager und das Steuerrohr an dieser Stelle häufig im Durchmesser vergrößert: Oben misst der Lagerring 1 1/8 Zoll, unten 1,5 Zoll im Durchmesser. So verteilen sich die hohen Kräfte auf mehr Fläche und Kugeln. Die gründliche, regelmäßige Reinigung und jeweils eine neue Fettpackung für Lagerkartuschen und -sitze im Rahmen sind die beste Voraussetzung für eine lange Lebensdauer dieser Teile. Sind diese Lagerringe allerdings eingelaufen, klappern oder haben in sich Spiel, müssen sie komplett ersetzt werden. Die gedichteten, fest verpressten Industrielager lassen sich nicht öffnen. Meist finden Sie eine aufgedruckte Dimensionsbezeichnung direkt auf dem Lagerring. Sind Ihre Lagerringe jedoch unbeschriftet, nehmen Sie die verschlissenen Ringe als Muster zum Ersatzteilkauf mit in den Bike-Shop.

Die Lagerringe im Steuersatz sind standardisierte Industrieware. Sie werden gedichtet und auf Lebensdauer geschmiert geliefert.

# Steuersatz warten

Als ein zentraler Dreh- und Angelpunkt in jedem Bike gilt der Steuersatz: Ein System von Kugellagern verbindet die Gabel mit dem Rahmen und sorgt für geschmeidiges, präzises Lenken. Doch durch seine exponierte Lage muss das Lagerset härteste Stöße und ständigen Beschuss mit Nässe und Schmutz ertragen. Deshalb sind die perfekte Einstellung und regelmäßige Wartung hier besonders wichtig. Doch auch gut gewartete Lager sind irgendwann einmal verschlissen. Deshalb zeigen wir auch, wie man den kompletten Steuersatz tauscht.

1

2

**1 Vorbauklemmung öffnen**
Bauen Sie das Vorderrad aus. Das Bike hängt am besten bodennah im Montageständer: So können Sie später auch Lenker und Gabel problemlos ablegen. Lösen Sie dann die Klemmschrauben, die den Vorbau am Gabelschaft fixieren.

**2 Vorbaudeckel lösen**
Drehen Sie die senkrechte Schraube im Vorbaudeckel vollständig aus dem Gewinde im Schaftrohr. Achtung: Ab jetzt kann die Gabel nach unten herausfallen.

**3 Deckel abnehmen**
Sobald die Schraube entfernt ist, heben Sie den Vorbaudeckel ab. Stützen Sie die Gabel dabei von unten her ab.

**4 Cockpit abheben**
Ziehen Sie den Vorbau samt Lenker vom Gabelschaft und hängen ihn vorsichtig beiseite. Tipp: Legen Sie alle abgenommenen Teile der Reihenfolge nach auf einer sauberen Unterlage in Reichweite neben sich ab. So kommen Sie beim Einbau später nicht durcheinander.

3

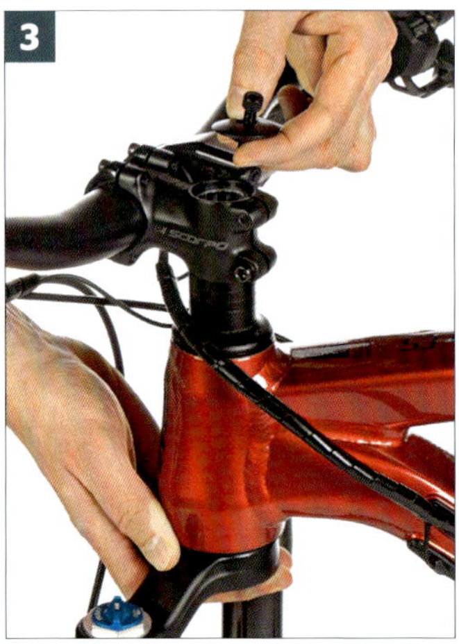

4

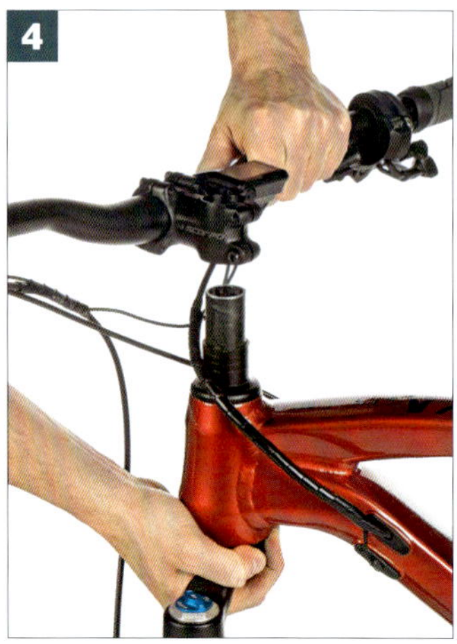

**5 Spacer entfernen**
Heben Sie sämtliche Spacer-Ringe vom Gabelschaft.

**6 Lagerdeckel abheben**
Danach nehmen Sie den Lagerdeckel vom Steuerrohr. Oft enthält der obere Lagerdeckel einen stramm sitzenden O-Ring zur Abdichtung gegen Nässe. Hebeln Sie einen zu fest sitzenden Deckel mit dem Schraubendreher ab.

**7 Zentrierring lösen**
Unter dem Deckel kommt meist ein geschlitzter Klemmring zutage, der den Lagerring gleichmäßig zentriert. Hebeln Sie den Klemmring an seiner Lücke aus der Passung und nehmen Sie ihn ab.

**8 Gabel abnehmen**
Spätestens jetzt hat der Gabelschaft keinen Halt mehr im Rahmen: Heben Sie die Gabel sacht aus dem Steuerrohr und legen Sie sie zu Boden. Achten Sie darauf, Kabel und Leitungen nicht zu knicken oder verdrehen.

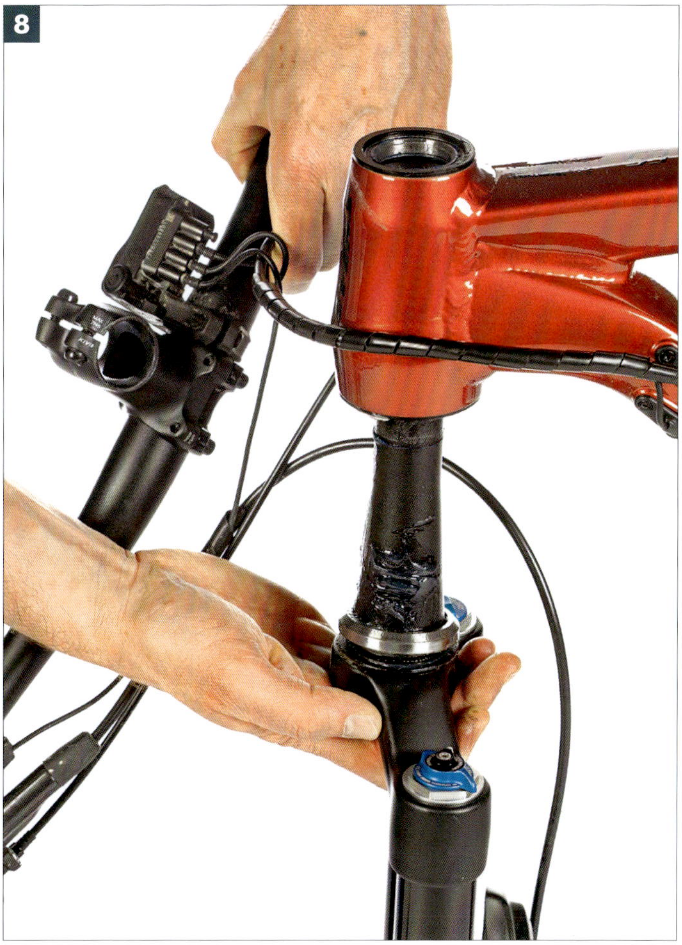

**9 Oberes Lager entnehmen**
Jetzt liegt der obere Lagerring frei zugänglich in seiner Rahmenpassung. Heben Sie den Lagerring heraus und wischen Sie ihn blitzblank sauber.

**10 Lagersitz säubern**
Wischen Sie Fett- und Schmutzrückstände auch vollständig aus dem Lagersitz. Der kann entweder aus einer eingepressten Schale oder einer Fräsung direkt im Steuerrohr bestehen.

**11 Unteres Lager**
Am unteren Ende des Gabelschaftrohrs befindet sich der zweite Lagerring des Steuersatzes. Möglicherweise steckt er aber auch noch im Lagersitz im Steuerrohr. Wischen Sie auch dieses Lager und den Gabelschaft sauber.

**12 Lagerdimension**
Auf den meisten Industrielagern finden Sie einen Aufdruck mit der Typenbezeichnung. Falls nicht, nehmen Sie beide alten Lager als Vorlage zum Ersatzteilkauf mit in den Bikeshop.

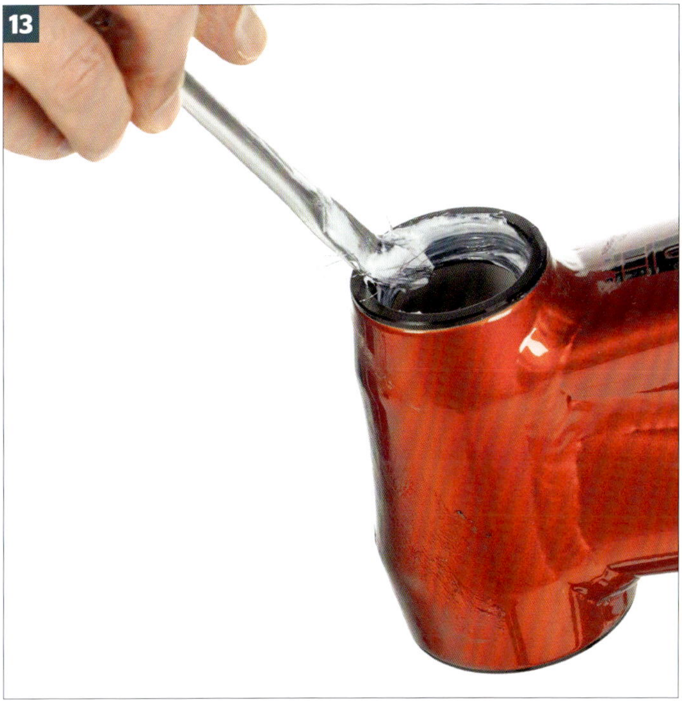


**13 Lagersitz fetten**
Geben Sie reichlich Fett in den Lagersitz. Das verhindert außer dem Eindringen von Feuchtigkeit und Schmutzpartikeln auch eventuelle Geräuschentwicklung.

**14 Unteren Lagersitz fetten**
Reinigen und fetten Sie auch den unteren Lagersitz im Steuerrohr sorgfältig. Sparen Sie nicht an Schmierung. Wischen Sie überschüssiges Fett nach dem Zusammenbau sauber ab.

**15 Gabelkonus fetten**
Am Schaftrohrende ist ein Konusring aufgepresst, auf dem sich der untere Lagerring dreht. Wischen und fetten Sie den Konus sorgfältig. Diese Stelle ist den stärksten Fahrbahnstößen und besonders intensivem Schmutz- und Nässebeschuss ausgesetzt.

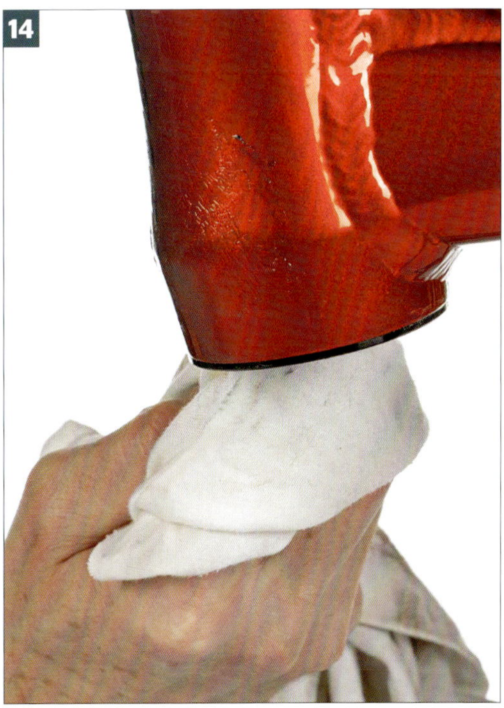

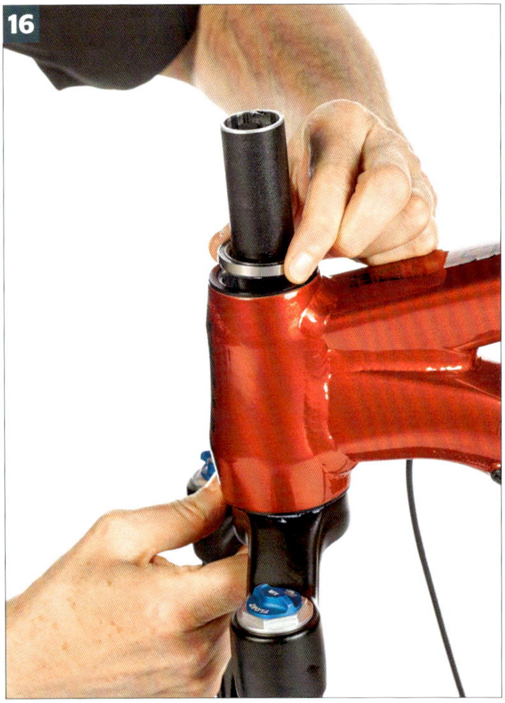

**16 Gabel einbauen**
Schieben Sie die Gabel wieder ins Steuerrohr. Setzen Sie den unteren Lagerring in seine Rahmenpassung und platzieren Sie den Gabelkonus von unten mittig im Lager. Legen Sie dann auch den oberen Lagerring in seine Rahmenpassung.

**17 Zentrierring einsetzen**
Schieben Sie den geschlitzten Zentrierring auf den Gabelschaft. Der angefaste Ring sitzt anfangs nur locker im Lagerring. Erst unter Druck der Spannschraube nimmt er seine endgültige Position ein.

**18 Lagerspiel einstellen**
Wenn auch Lagerdeckel, Spacer und Vorbau wieder an ihrem Platz sind, folgt zum Schluss der Vorbaudeckel mit der Spannschraube. Fetten Sie das Schraubgewinde, dann lässt sich das Lagerspiel sensibler einstellen. Drehen Sie die Spannschraube ein und ziehen Sie sie mit Gefühl so fest, dass die Kugellager kein Spiel mehr aufweisen, aber frei und ohne zu blockieren drehbar sind. Wischen Sie überschüssige Fettreste sorgfältig ab.

**19 Lenker ausrichten**
Richten Sie den Lenker bei offener Vorbauklemmung exakt quer zur Fahrtrichtung aus. Peilen Sie dazu über Oberrohr und Sattel, halten Sie das Vorderrad zwischen den Knien. Checken Sie nochmals das Lagerspiel und schließen Sie dann die Vorbauklemmung. Achtung: Im Klemmbereich dürfen sich keine Fettreste befinden, sonst ist die Festigkeit nicht gewährleistet. Beachten Sie unbedingt die Drehmomente für die Klemmschrauben.

**20 Lagerspiel-Check**
Ruckeln Sie das Bike bei gezogener Vorderbremse leicht vor und zurück. Weder am unteren noch am oberen Lagerspalt darf noch Spiel fühlbar sein.

**21 Lenker frei drehbar?**
Um Einbaufehler oder verkantete Bauteile auszuschließen, heben Sie das Bike am Oberrohr mit dem Vorderrad vom Boden. Der Lenker muss völlig geschmeidig und geräuschlos von ganz links bis ganz rechts frei drehbar sein.

# Reinigung & Pflege

# Weg mit dem Dreck!

**Nicht ohne Grund heißt es: Wer gut schmiert, der gut fährt. Nur regelmäßig gewartete Fahrradtechnik funktioniert tadellos. Wenn Sie also springende Gänge, knackende Lenklager und quietschende Bremsen hassen, sind sorgfältiges Putzen und liebevolle Pflege ein zuverlässiges Gegenmittel.**

Tropföl lässt sich sparsam dosieren und punktgenau auf die Kettenglieder verteilen. Im Sommer ist dünnflüssigeres, bei kalten Temperaturen und Nässe zähfließendes Kettenöl optimal.

Schon wenige Minuten Zuwendung vor und nach jeder Tour helfen, Ihr Bike zuverlässig in Schuß zu halten und den Verschleiß auf lange Sicht deutlich zu reduzieren. Dabei geht es vor allem um den Funktions- und Werterhalt: Da das Mountainbike abseits asphaltierter Straßen unterwegs ist, sind dicke Schlammschichten und mehrlagige Bodenproben an Bike und Biker der Normalfall. Doch oberflächlicher Schmutz wird, zusammen mit fettigen Schmiermittelresten, durch wippende Federelemente, gleitende Schaltzüge, zupackende Bremsbeläge und rotierende Laufräder schnell immer tiefer in Dichtungen, Laufbahnen und Kugellager gezogen. Dort tun Schmutzpartikel und Nässe ihr zerstörerisches Werk: Wie Schmirgelpaste nagen sie an eng bemessenen Passungen, zerfurchen Gleitflächen und zerkratzen Dichtungen. Sind Rost und Schmutz erst einmal so weit vorgedrungen, ist es so gut wie unmöglich, sich noch dagegen zu wehren. Befallene Teile sind ein Fall für die Tonne und müssen für teures Geld ersetzt werden.

So gesehen ist jede Arbeitsstunde Bike-Pflege gut investierte Zeit. Doch Putzen spart nicht nur Geld und Nerven: Auch Betriebs- und Fahrsicherheit nehmen zu. Denn beim Reinigen nimmt man die Technik genau unter die Lupe. Verschleiß und Beschädigungen entdeckt man frühzeitig, und wird nicht erst durch plötzliches Materialversagen aus heiterem Himmel unterwegs überrascht.

Am meisten zählt jedoch das gute Gefühl, wenn das E-MTB kraftvoll, leise und mit zuverlässiger Technik durch aufregende Landschaften surft.

# Kettenpflege

An Kette und Schaltung sammeln sich nach jeder Tour Öl, Fett und aufgewirbelter Schmutz zu einer klebrigen Schicht. Auf die Antriebstechnik wirkt das wie Schmirgelpaste: Verschleiß und Abrieb werden stark beschleunigt. Optimal ist eine kurze Kettenpflege nach jeder Fahrt. Nach Schlammorgien und Nässetouren sind ausgiebiges Putzen und Ölen jedoch absolute Pflicht!

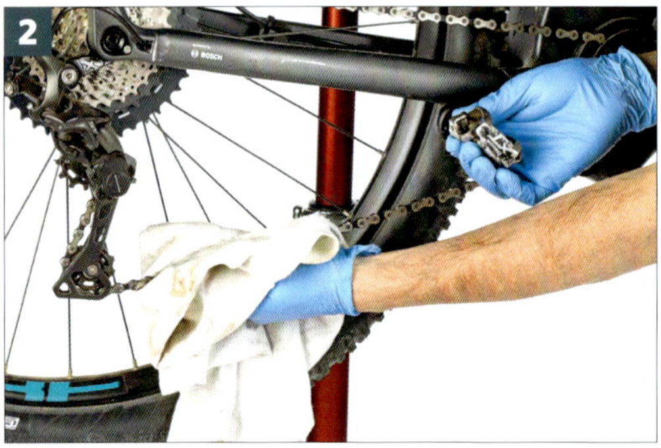


**1 Grobschmutz abkratzen**
Hängen Sie Ihr Bike in den Montageständer. Kurbeln Sie die Kette langsam durch und streifen Sie feste Ablagerungen mit einem Reifenheber von Schaltröllchen, Ritzeln und Kettenblatt.

**2 Kette wischen**
Befeuchten Sie ein Tuch mit Kettenreiniger oder Waschbenzin. Kurbeln Sie die Kette langsam durch. Wechseln Sie die Stelle am Lappen immer wieder, so lange, bis kein Schmutz mehr im Lappen hängen bleibt.

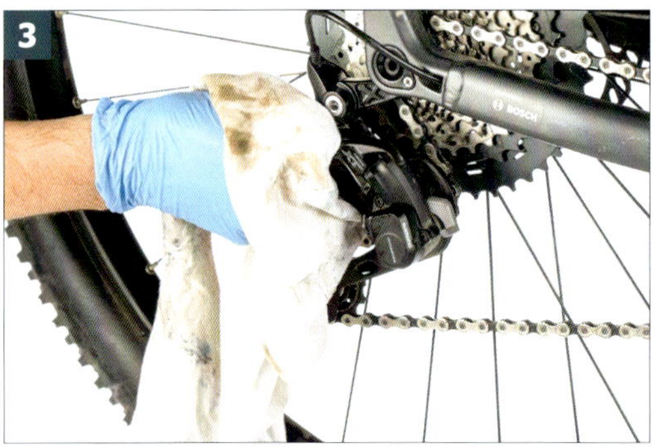


**3 Schaltwerke säubern**
Wischen Sie auch über die Oberflächen der Schaltwerke, um Staub und Schmutz darauf zu entfernen.

**4 Ritzel freikratzen**
Bauen Sie das Hinterrad aus. Mit einem Ritzelrechen holen Sie sämtliche Rückstände aus den tiefen Zwischenräumen.

**5 Kette ölen**
Träufeln Sie Kettenöl auf jedes einzelne Glied. Lassen Sie es 5 Minuten einziehen und wischen Sie die Kette außen trocken.

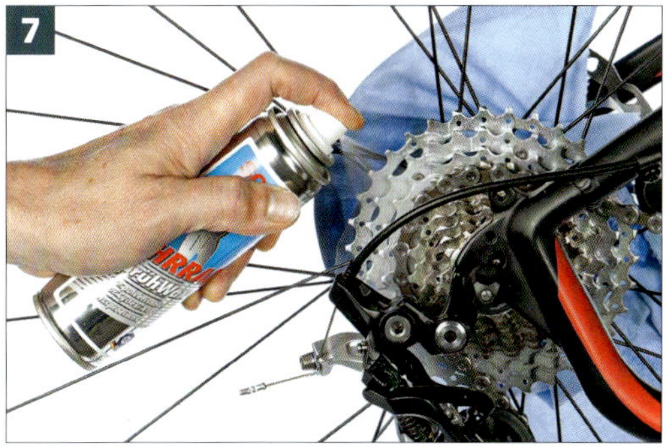

**6 Schaltwerks-Gelenke ölen**
Geben Sie einen Stoß Sprühöl auf die Gelenke von Schaltwerk und Umwerfer. Schalten Sie einige Male alle Gänge durch, damit das Öl nach innen transportiert wird. Wischen Sie die Oberflächen außen sauber.

**7 Wachsüberzug schützt**
Überziehen Sie Kette, Ritzel und Schaltwerke dünn mit Sprühwachs. Decken Sie zuvor Bremszange und Disc ab. Dorthin darf weder Wachs noch Öl gelangen. Wachs hält die Schmierung an Ort und Stelle und bildet zudem eine trockene Oberfläche. Neuer Schmutz haftet deshalb nicht so leicht an.

**8 Kette vom Blatt**
Um auch das vordere Kettenblatt zu reinigen, ist es hilfreich, die Kette bei nach hinten zeigender Kurbel vollkommen vom Blatt zu heben.

**9 Kettenblatt reinigen**
Die langen Borsten des Ritzelrechens eignen sich, um sogar das kleine Bosch-Kettenblatt zwischen den Führungsscheiben zu erreichen. Auch hier hilft ein Sprühstoß Kettenreiniger.

Von Putz-Maschinen, die die Kette in lösungsmittelhaltigem Reiniger baden, raten wir strikt ab! Lösungsmittel und Kettenbäder waschen die innere Schmierung, die ab Werk in den Kettenrollen sitzt, unwiederbringlich heraus. Damit ist eine Kette definitiv kaputt. Auch sorgfältigstes Schmieren von außen kann das nicht wieder gutmachen.

# Waschen & Pflegen

**Flott und effektiv geht der Fahrradputz, wenn Sie wissen, worauf es ankommt. Die notwendigen Mittelchen dafür finden Sie auf Seite 33. Mit den folgenden Tipps sieht Ihr Bike in Nullkommanix wieder aus wie neu.**

**1+2+3 Warmes Spüli-Wasser**
Grobe Verschmutzungen entfernen Sie am besten mit einem Eimer warmem Wasser und einem Spritzer Spülmittel. Schwamm und geeignete Bürsten lösen den Schmutz schonend und effizient von Rahmen, Gabel und Laufrädern. Spülen Sie anschließend mit viel klarem Wasser nach. Ein Gartenschlauch tut dabei auch gute Dienste.

**Vorsicht beim Akku**
Den Akku sollten Sie nur mit einem feuchten Tuch und ohne scharfe Reiniger wischen. An Ladebuchse und Kontakten darf keine Feuchtigkeit eindringen.

**4 Fahrradreiniger**
Hartnäckige oder fetthaltige Ablagerungen weicht man vor dem Abwasch mit Fahrradreiniger ein. Satt aufsprühen und 3 bis 5 Minuten einwirken lassen. Dann mit Wasser und Schwamm, an Ecken und Kanten mit Bürste oder Pinsel, abwaschen. Mit reichlich Klarwasser nachspülen. Ein Gartenschlauch mit Sprühdüse ist dafür optimal. Verwenden Sie jedoch keinen Hochdruckreiniger!

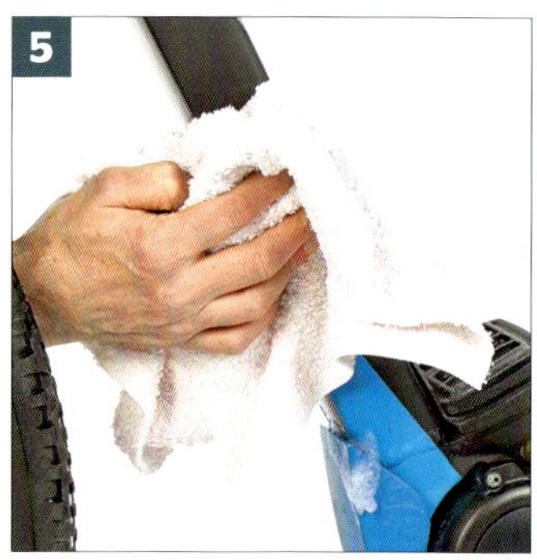


**5 Abtrocknen**
Wischen Sie das Bike nach jedem Waschgang sorgfältig trocken. Damit entfernen Sie auch bisher nur angelöste Schmutzreste und vermeiden Trocknungsflecken auf den Oberflächen. Zudem verhindern Sie, dass sich Putzwasser an ungünstigen Stellen ansammelt und beispielsweise in die Elektrikkanäle oder ins Rahmeninnere sickert.

**6 Lackpflege**
Rahmenoberflächen lassen sich gut mit Polierspray versiegeln. Das Pflegemittel hinterlässt eine glatte, trockene Schicht, die noch längere Zeit schmutz- und wasserabweisend wirkt.

**7 Rahmen polieren**
Lassen Sie das Polierspray kurz einwirken und polieren es dann trocken. Auch Sprühwachs eignet sich zum Konservieren von Lack- und Metall-Oberflächen.

**8 Bremsenreiniger**
Die Bremsscheiben sollten mindestens einmal jährlich mit Bremsenreinger von fetthaltigen Rückständen befreit werden.

**9 Speichenlöcher versiegeln**
Ein Tropfen Flüssigwachs verschließt die Spalte der Speichenlöcher in der Felge. So kann dort kein Wasser eindringen.

**10 Kontaktspray schützt**
Konservieren Sie die Elektrokontakte an Akku, Ladebuchse und Display alle paar Monate, unbedingt aber vor und nach Nässefahrten, mit etwas Kontaktspray. Das Spray verdrängt Feuchtigkeit und schützt so zuverlässig vor Korrosion.

# Schnelle Pflege nach jeder Tour

**Nicht immer hat man die Zeit, das Bike gründlich zu putzen. Oder es fehlt die Lust dazu. Zum sicheren Funktionserhalt genügt oft auch nur ein Schnelldurchgang. Doch auf die wichtigsten Handgriffe sollten Sie nicht verzichten.**

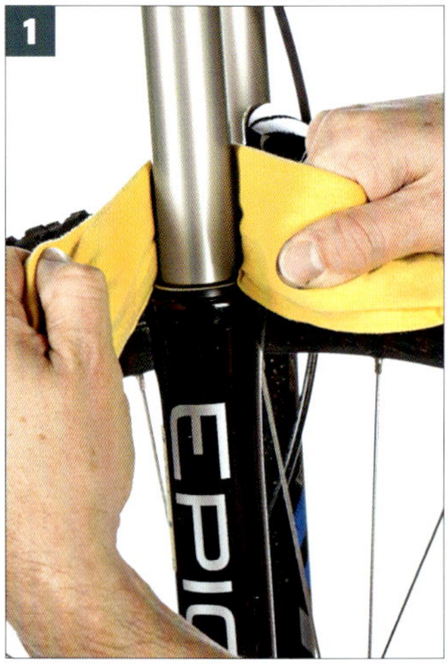

**1 Standrohre säubern**
Schmutzablagerungen zerkratzen auf Dauer die Beschichtung der Gabelstandrohre und die Staubabweiser-Gummis. Deshalb: Säubern Sie Gabelrohre und Dichtungen nach jeder Tour sorgfältig.

**2 Gabel dünn ölen**
Wischen Sie die Standrohre mit einem leicht öligen Tuch nach. Das verschließt die Poren und reduziert die Reibung an den Dichtungen.

**3 Rahmengelenke säubern**
Wischen Sie alle Rahmengelenke am gefederten Hinterbau von außen sauber. Staub und Schmutzpartikel sollen nicht in die Gelenke und Lager gezogen werden.

**4 Klickpedale bürsten**
Schlamm und Matsch von den Schuhsohlen setzt sich schnell in der Mechanik von Klickpedalen fest. Entfernen Sie den Dreck mit einer groben Bürste gleich nach jeder Tour.

**5 Klickmechanik schmieren**
Geben Sie je einen Tropfen Öl auf die beweglichen Teile der Federmechanik und der Stellschraube zum Einstellen der Auslösehärte. So bleibt der Ein- und Ausstieg aus dem Pedal weiterhin störungsfrei.

# Ab in die Winterpause

**Wenn es draußen eisig wird und Schnee die Trails bedeckt, machen viele Bikes und Biker Pause. Wer sein E-MTB in der kalten Jahreszeit stilllegt, sollte folgende Punkte beachten.**

### 1 Akku getrennt einlagern

Nehmen Sie den Akku vom Bike und lagern Sie ihn trocken und bei kühler Zimmertemperatur (ca. 10-20 °C). Er sollte dabei nur zu etwa zwei Dritteln geladen sein. Alle 8 bis 10 Wochen sollten Sie den Akku kontrollieren und gegebenenfalls nachladen, um die Selbstentladung auszugleichen. Bei längerem Nichtgebrauch versetzt ihn seine Steuerelektronik in einen Tiefschlaf. Vor der ersten Nutzung muss er daraus per Ladegerät geweckt werden.

### 2 Kontakte konservieren

Nehmen Sie – falls möglich – auch das Display ab und öffnen Sie alle Steckverbindungen, damit sich dort keine Feuchtigkeit ansammeln kann. Benetzen Sie alle Kontaktstellen mit etwas Kontaktspray.

### 3 Höheren Reifendruck aufpumpen

Durch Schlauch und Reifen diffundiert im Lauf der Zeit immer etwas Luft. Ein platter Reifen wird jedoch schnell rissig und ist dann kaputt. Pumpen Sie deshalb beide Reifen vor der Winterpause auf etwa 3-4 bar, also gut 2 bar über dem normalen Niveau. So ist auch im Frühling noch genügend Druck vorhanden, damit die Reifen nicht platt stehen.

### 4 Trocken parken

Der beste Platz zum Überwintern ist ein gut gelüfteter, trockener und diebstahlsicherer Ort im Haus. Ein abschließbares Kellerabteil, Hobbykeller oder eine Garage sind optimal. Reinigen Sie das Bike vor dem Einlagern gründlich. Fetten und ölen Sie Schaltung, Kette und alle beweglichen Teile sparsam, damit die Schmierung nicht verharzt. Eine abschließende Schicht Sprühwachs verhindert, dass Staub während der langen Standzeit auf frisch geölten Oberflächen festklebt.

Folgende Bücher von Jochen Donner und Daniel Simon sind außerdem im Delius Klasing Verlag erschienen:

**Jochen Donner:**
Bike-Reparatur & Wartung
Bike-Reparatur-Handbuch
Die Trekkingbike-Werkstatt
E-Bike – Reparaturen unterwegs
E-MTB – Reparaturen unterwegs
Mountainbike – Reparaturen unterwegs
Rennrad – Reparaturen unterwegs
Trekkingbike – Reparaturen unterwegs

**Daniel Simon:**
BIKE Guide Zugspitzregion
Die schönsten Almentouren für Mountainbiker
Die schönsten E-Bike-Touren in den Alpen
Die schönsten E-MTB-Touren in den Alpen
Die schönsten Hüttentouren für Mountainbiker
Bike & Wellness in den Alpen
Mountainbiken rund um Garmisch-Partenkirchen
Radreisen
E-Bike – Reparaturen unterwegs
E-MTB – Reparaturen unterwegs
Mountainbike – Reparaturen unterwegs
Rennrad – Reparaturen unterwegs
Trekkingbike – Reparaturen unterwegs
Leichte Alpentrails für Mountainbiker
Hausreviere
Die Rennradwerkstatt
Radurlaub in Deutschland

Bibliografische Information der Deutschen Nationalbibliothek
Die Deutsche Nationalbibliothek verzeichnet diese Publikation in der Deutschen Nationalbibliografie; detaillierte bibliografische Daten sind im Internet über http://dnb.dnb.de abrufbar.

3. Auflage
ISBN 978-3-667-11262-0


Konzeption: Jochen Donner, Daniel Simon
Text: Jochen Donner
Fotos und Layout: Daniel Simon
Lektorat: Stephanie Jaeschke
Umschlaggestaltung: Felix Kempf, www.fx68.de
Lithografie: Mohn Media, Gütersloh
Gesamtherstellung: Print Consult, München
Printed in Slovakia 2021

MIX
Papier aus verantwortungsvollen Quellen
FSC® C084279



Delius Klasing Verlag, Siekerwall 21, D - 33602 Bielefeld
Tel.: 0521/559-0, Fax: 0521/559-115
E-Mail: info@delius-klasing.de
www.delius-klasing.de

Klimaneutral
Druckprodukt
ClimatePartner.com/12515-2001-1011